经济管理学术文库 • 经济类

我国农户玉米品种和技术采用研究

——基于增产潜力视角

Research on Farmers' Variety and Technology Adoption of Maize in China
—From the Perspective of Production Potential

王晓蜀 张娜 陈昌兵 / 著

图书在版编目（CIP）数据

我国农户玉米品种和技术采用研究：基于增产潜力视角/王晓蜀，张娜，陈昌兵著．—北京：经济管理出版社，2016.10
ISBN 978－7－5096－4541－3

Ⅰ．①我…　Ⅱ．①王…　②张…　③陈…　Ⅲ．①玉米—粮食品种—研究—中国　②玉米—栽培技术—研究—中国　Ⅳ．①S513

中国版本图书馆 CIP 数据核字(2016)第 188960 号

组稿编辑：曹　靖
责任编辑：杨国强　张瑞军
责任印制：黄章平
责任校对：王　淼

出版发行：经济管理出版社
（北京市海淀区北蜂窝 8 号中雅大厦 A 座 11 层　100038）
网　　址：www. E－mp. com. cn
电　　话：（010）51915602
印　　刷：北京九州迅驰传媒文化有限公司
经　　销：新华书店
开　　本：720mm×1000mm/16
印　　张：11. 75
字　　数：202 千字
版　　次：2016 年10月第 1 版　　2016 年10月第 1 次印刷
书　　号：ISBN 978－7－5096－4541－3
定　　价：58. 00 元

前　言

“藏粮于技”的粮食保障战略要求推广良种和科学的栽培管理技术，走提高单产的内涵式发展道路。微观层面的农户品种和技术选用行为对玉米增产潜力有重要的影响。相较于自然科学利用试验数据，基于产量目标出发研究增产潜力不同，本书基于微观调研数据，从农户利益角度出发研究我国玉米主导品种和主推技术的实际采用情况、影响因素以及影响效应，对提高我国粮食保障水平有重要的现实意义。

本书首先在概述新中国成立以来我国玉米生产的基础上，分析我国玉米生产布局变迁，利用农产品比较优势指数和秩相关系数分析我国玉米生产布局总体上的合理性。在对我国玉米生产总体情况和生产布局基本了解的情况下，兼顾样本的代表性和实地调研的可行性，对样本省区进行了确定。其次基于微观调研数据，本书分析了农户玉米品种和主要技术的采用情况；利用随机参数模型和潜类别模型，分析了农户对玉米品种性状属性的偏好和支付意愿；利用倾向值匹配法，将影响玉米单产的相关变量以及农户个人特征进行匹配分析夏玉米“一增四改”技术集成采用的增产效应；利用二元 Logit 模型，以赤眼蜂防治玉米螟技术为例分析农户技术采用的影响因素；基于柯布—道格拉斯生产函数，利用分位数回归讨论了主导品种和主要技术采用对农户玉米单产的影响。最后通过纵向和横向对比分析了我国玉米增产潜力，并就如何发挥增产潜力提出了政策建议。

研究结果表明，我国玉米生产布局更为集中，并遵循了比较优势原理；近年来，我国玉米品种更新速度放缓，主导品种采用率较高；轻简型玉米品种和轻简型生产栽培技术更受农民欢迎；农户更关注玉米的稳产性而非高产性；技术供给和生产规模对玉米栽培管理技术的采用有重要影响；样本数据反映，玉米主要技术采用对玉米单产有显著性影响，但主导品种采用对单产的影响不显著；从技术进步的广度看，品种和技术采用对玉米单产的增加至少为100千克/亩，总产潜力约为5000万吨；从技术进步的深度看，我国玉米要实现当前美国、法国的单产水平需要到21世纪中叶。

基于上述结论，研究认为，培育轻简型稳产高产良种，重视轻简型技术供给，推广良种和技术，改变农户行为，是发挥我国玉米增产潜力的重要手段。

目　录

第一章　导　论

第一节　研究背景及研究意义

一、研究背景

我国是一个正处于工业化进程中的人口大国，随着农村人口不断向城市迁移，人们收入水平提高，粮食消费需求不断增加，粮食问题备受国内外学者关注。玉米是我国重要的粮食作物，它不仅被用作口粮，更是重要的饲料粮，人们常常将人均玉米数量作为畜牧业发展水平的衡量指标之一。此外，玉米还是重要的工业原料，且是加工品种最多、链条最长和增值最高的谷类作物，特别地，玉米还是清洁能源的原料。2012 年，我国口粮玉米、饲用玉米和工业用玉米的消费结构为 1∶6∶3（钱文荣、王大哲，2015）。

1980 年以来，我国三种主要粮食作物总产量增长都很快，特别是玉米。从 1980 年的 6260.0 万吨，增加到 2014 年的 21564.6 万吨，35 年的年均增长率为 3.70%。而同期小麦年均增长率为 2.46%；水稻年均增长率为 1.15%，可见三种主要粮食作物中，玉米产量的年均增长率最高。玉米产量的高增长率不单单出现在中国，全球也是如此，1980～2013年，全球小麦产量的年均增长率为1.47%，稻谷为1.93%，玉米为2.89%。近年来，我国玉米生产在粮食生产中的地位不断上升，2012年我国玉米总产量为20561.4万吨，超出稻谷137.8万吨，首次成为我国第一大粮食作物品种，2013年和2014年玉米超出稻谷产量的数值也都在1000万吨左右。

从单产水平的国际间对比看，2011～2013年，我国玉米单产水平均值为5930.73公斤/公顷，与美国和法国玉米单产的差距分别为3134.97公斤/公顷和3052.60公斤/公顷，可见我国玉米还有很高的增产潜力。从三种粮食作物单产水平的排名看，我国稻谷单产全球排名第11位，小麦排名第24位，而我国玉米单产全球排名仅为42位，如图1－1所示。换句话说，三种主要粮食作物中，玉米单产水平与国外发达农业国家之间的差距最大，因此，玉米的增产潜力最大。

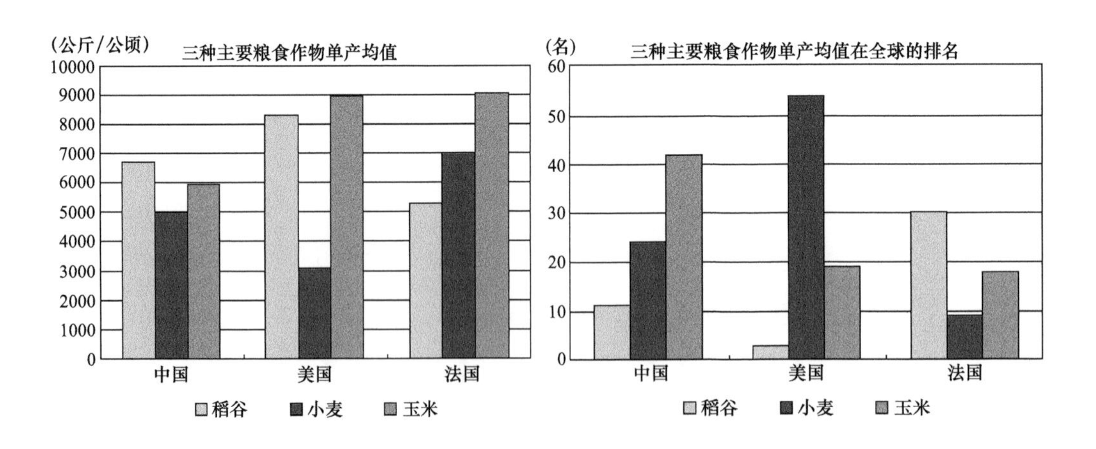

图1－1　2011～2013年中、法、美三种主要粮食作物单产及全球排名

数据来源：根据世界粮农组织数据库数据整理。

不仅如此，三种粮食作物中，玉米种子的市场化程度最高，玉米种子市场多、杂、乱现象最为突出。基于以上原因，本书选择玉米作为研究对象。

二、研究意义

粮食生产潜力的研究，对于制定一个国家的作物生产规划、合理开发利用农业自然资源以及环境保护等一系列基本国策都具有重要的战略意义和现实意义。目前，由于水资源紧缺、耕地面积和农业劳动力减少等原因，粮食问题的研究更加引人注目，粮食生产潜力的研究则更为紧迫。本书基于农户品种和技术采用行为讨论我国玉米增产潜力问题，对保障我国饲料粮安全有着重要的实践意义和理论意义。

第一，微观层面的农户品种和技术选用行为对玉米单产水平有着重要的影响，从农户角度出发研究玉米单产增产潜力有利于我们更好地了解真实的增产空间。农学专家往往基于产量目标研究作物的增产潜力。但在现实社会经济中，农户并不把某种作物的最高单产水平作为自身追求的目标。例如，袁涓文、颜谦（2009）在对贵州山区杂交玉米推广状况进行研究的过程中发现，由于高产的杂交玉米需要精细管理，但农民的劳动力状况不允许，因此他们选择种植传统品种。而有的农户则基于规避风险的角度既种植高产的杂交品种，又种植传统品种。还有的农户出于套种习惯、农资价格与玉米价格，以及杂交品种口感差，而不愿种植高产的杂交玉米。出于以上这些考虑，本书重点从农户角度研究玉米增产潜力，更符合社会经济实际。

第二，2015 年 8 月，国家提出了“藏粮于技”的粮食保障战略，也就是要走推广优良品种，依靠科技进步，提高单产的内涵式发展道路。了解国家主推玉米专用技术的农户采用情况及其影响因素，对提高我国粮食保障水平有重要的现实意义。

第三，玉米增产潜力的研究对保障我国粮食安全有重要的现实意义。经过了粮食产量的“十二连增”，目前我国玉米供给已由之前的偏紧转向宽松。受自然风险和社会风险的双重影响，农产品供需关系如同蛛网定理描述的那样很难处于均衡，2015 年玉米的阶段性供大于求并不代表我国玉米生产再无隐忧。2014 年世界玉米总贸易量为 13304 万吨（张小瑜，2016），仅相当于我国产量的一半左右，且玉米出口国集中于少数几个国家，如果这些玉米出口国国内贸易政策大调整或遭受严重自然灾害，无疑玉米进口的风险就会加大。因此，农业部部长韩长赋指出，我国要把玉米产业主动权牢牢掌握在自己手中。这就意味着，与其依赖他国，不如增强自身的玉米供给能力，因此，了解我国玉米的增产潜力对制定我国玉米发展和贸易战略有重要的现实意义。

第四，从理论角度看，对农户玉米增产潜力的研究可以扩展延伸至小麦和水稻的增产潜力的研究，农户对玉米品种和技术的偏好特征亦可延伸至其他粮食作物，因此，本研究是对粮食增产潜力在农户层次得到实现的补充。

第二节　国内外研究动态

目前，对农作物品种和技术采用行为的研究较多，对粮食增产潜力的研究也不少，综合起来本书主要报告以下四个方面：第一，从品种和技术差异角度分析其对粮食增产的影响；第二，分析农户品种和技术选用行为的影响因素；第三，对粮食增产潜力内涵进行界定以及对粮食增产潜力影响因素进行分析；第四，总结粮食增产潜力估算方法。

一、关于品种与技术采用对粮食生产潜力的影响研究

林毅夫（1995）指出，在人口不断增长、土地面积有限的情况下，提高粮食单产是增加我国粮食总产的唯一途径，并进一步指出："自 1952 年以来，我国粮食总产的增加，已经可以完全归结为单产水平的提高。"许多研究表明，科技进步不仅是中国玉米生产力增长的主要动力，也是中国农业生产力增长的主要源泉（Huang and Rozelle，1996；Fan，1997），种子是农业科技进步中贡献最大的技术（信乃诠等，1995；Rozelle 等，2003）。品种改良在农作物生产力增长中具有决定性的作用，据研究，1985 ~ 1994 年玉米种子改良对玉米增产的贡献达到了

35.5%（农业部，2008）。安伟等（2003）指出，玉米的增产潜力与品种关系密切，就某些品种而言，即使技术再到位，产量提高的空间也很小，并进一步指出，在玉米增产的诸要素中，在化肥使用量达到饱和，同时加强技术管理之后，遗传改良的作用将占到更大的比例。赵云文（2010）对广西主要粮食作物良种增产潜力进行了分析指出，从20世纪80年代中期开始，广西粮食良种的更新换代速度较从前有明显提高，良种更换的速度从之前的8～10年提高到21世纪的3～5年，并进一步指出，杂交良种的推广是广西粮食总产提高的主要原因；广西粮食品种每更新换代1次，平均增产幅度都在10%以上，目前良种对农业增产增效的贡献率已接近40%。Tiwari等（2010）讨论了品种选择与社区为基础的种子与产量之间的关系。作者将农户按粮食可获得性划分为三个等级，按姓划分为三个类别，并按户主性别划分为两类，调查230户农户使用玉米良种与使用本地品种之间的产量差异。黄季焜等（1996）进一步肯定了我国在改革之初的农业技术进步并指出，尽管在人们的印象中，制度创新在我国农业生产增长中起着重大的作用，但实际上，即使在改革初期，技术进步的作用并不亚于制度创新对农业生产的贡献。张森等（2012）横向对比了21世纪以来玉米与水稻、小麦单产增长中技术进步贡献，纵向对比了玉米单产水平的变化，发现我国玉米的技术进步呈明显的下降趋势。人们从宏观和微观视角将品种和技术对粮食增产潜力的影响进行了广泛而深入的研究，就微观农户层面而言，农户在良种和技术采用上出现的问题被越来越多的学者重视。

二、关于农户品种和技术采用行为影响因素研究

（一）影响因素

综合看，目前多数研究从农民的家庭特征、要素禀赋、新品种特性及风险程度和风险偏好等角度考察这些因素对农户品种和技术采用行为的影响，具体来说，这些因素包括土地面积、地块数、能否灌溉、家庭人口数、家庭非农劳动力比例、教育年限、户主性别、年龄、农户风险规避程度、社会资本、家庭参加农技培训人数、户主种地经验、人均纯收入中非农收入的比例、新品种与原品种在

价格和预期收益上的比较、村庄主要土壤类型及政府补贴情况等。总体而言，几乎所有研究都对农户家庭特征和农户要素禀赋等进行了调查和分析，但对其他因素的分析则因研究侧重点不同而不同。下面就主要的一些影响因素加以评述。

教育：一般认为，教育对农户品种和技术选用具有显著的正效应。如林毅夫（1994）利用湖南省5个县的500户农户数据研究了农户杂交水稻技术采用行为，研究结果表明，农户的教育水平对农户采用杂交水稻的概率和采用密度均有显著的正效应。周未等（2010）基于对湖北省农户种植超级稻情况的调查与研究，庄道元（2011）对皖北地区小麦主导品种的采用行为的分析，Freeman 等（2003）应用 Tobit 回归模型对肯尼亚自由市场体制下农民化肥施用水平的研究，Saha 等（1994）对技术采用的研究，Cavane（2007）对莫桑比克农民对玉米良种、化肥的采用与态度的调查及研究结果，都说明教育对技术采用有正效应。尽管人们都认识到教育的重要性，但就教育对不同农业形式的影响程度没有进行深入的分析，而 Alene 等（2007）验证了农民教育对现代农业较之传统农业有更重要的角色。

年龄和性别：一般认为，年龄对品种和技术采用呈负效应，因为年龄越大的人相对越保守，如张森等（2012），王秀东等（2008）。但有些研究认为年龄对技术采用具有正向效应，如 Adesina 等（1995），McNamara 等（1991）。还有一些研究认为，年龄对农户技术采用没有显著影响。女性户主在玉米新品种选择上相对男性要保守一些，赵连阁等（2012）研究认为，户主性别对病虫害综合防治技术（简写为 IPM 技术）采纳行为有显著正向影响。由于男性户主在某些资源的获取上具有更多的优势，同时女性户主往往对风险厌恶、趋于保守、对新技术的收益感知也慢于男性。

耕地规模：现有的研究通常认为，农户的耕地规模对于农户新品种和技术采用概率具有显著的正效应，林毅夫（1994）指出，这可能是因为耕地规模大的农户在信贷和杂交种子上具有规模经济所致。Saha 等（1994）区分了农业技术采用的经济因素和主观因素，也得出了类似的结论，对这一观点认同的还有庄道元（2013），周未等（2010），Asrat 等（2010）。仇焕广等（2013）指出，我国高度分散的小农经营组织方式严重抑制农户农业技术需求和新技术采用，不利于玉米单产水平的提高。

务农经验：林毅夫（1994）认为，户主从事农业的经验对技术采用行为也呈正相关关系。Asrat S. 等（2010）调查了埃塞俄比亚农户作物品种偏好，估计了每种作物品种的支付意愿均值，并指出，农户种植经验是引起农户品种偏好异质性的主要因素。

收入、资产及资本：宋军等（1998）应用 Probit 模型研究发现，人均收入较高的农户，对优质农产品的需求愿望强烈，同时也希望选择优质农产品技术；相反，人均收入较低的农户，则由于其首先要解决温饱问题，而对优质农产品的需求愿望不强。姚华锋（2006）的研究也认为，收入对技术采用呈正效应。相类似林毅夫（1994）指出，农户的资本拥有量对农户杂交水稻的采用密度有显著的正效应。马小勇等（2013）指出，资产持有量和借贷可得性对新品种采用有显著的正向影响。进一步的中介效应检验表明，资产持有量和借贷可得性的确通过影响消费平滑能力而影响了农户的新品种采用行为。徐雪高（2011）基于黑龙江、吉林和内蒙古 232 户农户数据，应用二元 Logit 模型发现种植单一作物的农户更愿意采用品种多样化策略，进一步对农户品种多样化策略的影响因素进行分析，发现品种多样化与农户财富水平呈倒 U 形关系，且在家庭财富水平指标中只有固定性资产对多样化策略影响显著。

新品种或技术可获得性：王秀东等（2008）在对山东、河北、河南三省农户调查的基础上，应用二元 Logit 模型研究结果显示，农户小麦新品种选择行为受新品种可获得性影响。Freeman 等（2003）应用 Tobit 回归模型分析了影响肯尼亚自由市场体制下农民化肥施用水平的因素，研究结果表明，农村零售小店化肥的可获得性、小包装化肥的可获得性对化肥使用有正向的影响。

信息：吴冲（2007）以江苏省丰县优质小麦种植为例，采用二元 Logit 选择模型分析了农户资源禀赋对优质小麦新品种选择的影响，实证结果表明，来自人际关系途径的信息对优质小麦新品种的选择具有显著的正效应；Cavane（2007）分析莫桑比克农民对玉米良种和化肥的采用与态度，也得出同样的结论；有关信息不对称性对农户品种采用和技术采用的研究还比较少，张森等（2012）基于微观农户调研数据，以农户行为理论为基础，建立农户新品种种植面积影响因素的Tobit模型和农户新品种种植个数影响因素Poisson模型，实证研究结果表明，农户会理性调整其品种选择，合理配置自身资源，即通过增加新品种的播种面积和增加新品种的个数控制市场信息不对称背景下的经营风险。

风险偏好：目前就风险偏好对农户品种选用的分析是存在争议的，有人认为是U形，有人认为是线型。Marra等（2003）指出风险，不确定性和学习在农业新技术采用过程中扮演了重要的角色。马小勇等（2013）应用Probit模型考察了陕西农户新品种采用行为与生产风险、风险态度、资金约束之间的关系，研究结果表明：农业新品种采用引致的生产风险与农户风险厌恶程度对农户的新品种采用行为有显著的负向影响。

（二）分析方法

农户行为研究的计量模型一般都是二元Logit或Probit模型，也有人应用三元Logistic模型，如罗峦等（2011）基于湖南3个双季稻主产区乡镇的调研所获得的截面数据，采用三分类的Logistic模型，对农户的稻作品种采用行为的影响因素进行分析。研究认为，从外部因素看，农业科技推广机构在农户品种的更新与选择上仍发挥着重要的引导作用，从内部因素看，农户自身的经验积累是其品种更新的重要影响因素之一。

其他研究方法应用得并不普遍。如Saha等（1994）区分了农业技术采用的经济因素和主观因素，应用了Mixed Dichotomous Continuous框架进行实证分析。而Alene等（2007）应用内生转换模型验证了农民教育对现代农业较之传统农业有更重要的角色。Asrat等（2010）使用选择实验方法，调查了埃塞俄比亚农户作物品种偏好，估计了每种作物品种的支付意愿均值，发现环境适应性和产量稳定性是农户品种选用决策中的重要因素，农民为获得更稳定和适应环境的作物品种而愿意放弃一些额外的收入或产量。Dibba等（2012）评估了冈比亚非洲新稻品种对稻谷产量和收入的影响，调查了600个农民的数据，为控制新品种采用与不采用的社会人口统计学特征和环境特征的不同，应用了反事实计量方法进行估计，结

果表明，非洲新稻的采用者和非采用者在稻谷生产和收入上有显著不同。

农户品种选用和技术选用行为是农户行为中的一种，目前人们对这一问题的研究已经比较成熟。在已有文献中，不论是对农户行为影响因素的分析还是其研究方法都有大量的学者进行了具有说服力的研究。

三、关于粮食增产潜力的内涵及影响因素的研究

农作物的增产潜力是指农作物的潜在生产力。在农作物增产潜力研究中，研究最多的农作物是三种主要粮食作物。

发展中国家许多稻米科学工作者通常都认为水稻的大田产量明显低于其潜在的产量。关于用合适的方法定义和测量在农户现有的社会经济环境下的水稻生产潜力颇有争议。Kalirajan K.（1982）指出，这些方法大部分都是基于农学标准而忽视了农户的社会经济环境。作者定义了农户水平的单产潜力，认为单产潜力可以被定义为如果农户能够达到必要的投入的条件下，在所有农户现有的技术水平下，可以实现的产量。

Schreinemachers P.（2005）指出，农作物增产潜力问题是作物学、农学和社会科学的交叉。作物学认为产量是总干物质（生物产量）和收获指数的乘积。而收获指数受穗数、单穗粒数、粒重的影响。从农学角度看作物单产受品种选择和作物管理的影响，其中品种选择主要指该品种的基因特征，如品种的抗性、耐受性和稳定性；作物管理则强调减少作物生长过程中的生物胁迫和非生物胁迫。社会经济学的观点如图 1－2 所示。Schreinemachers P.（2005）认为作物单产只是农场主决策的一个具体的结果，它本身并不构成农户目标。并提出在任何功能完全的市场经济中，农户最大化作物单产注定会破产。

林毅夫（1995）将粮食单产潜力界定为全国最高单产与大田实际平均单产之差，同时指出即使光合作用效率保持不变，中国粮食作物单产提高的潜力依然很大。再退一步讲，即使像布朗等所说的那样，世界粮食最高单产已达生物极限，不能提高，中国粮食单产平均水平提高的潜力仍然相当于实际单产水平的 1.5 ~ 3.5 倍。

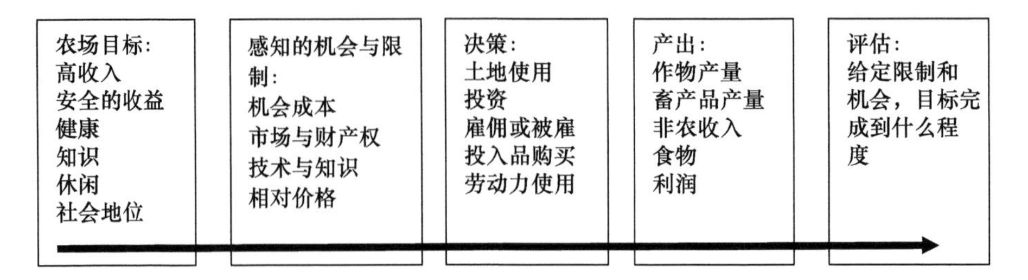

图 1－2　社会经济学对作物单产的观点

资料来源：根据 Schreinemachers P. （2005） 的观点整理。

高智（1997）从价格因素和非价格因素两方面讨论了农户行为对粮食增产潜力的影响，指出价格因素并非是制约农户粮食生产的主要原因，而非价格因素（农户间资源拥有状况、自身知识及技术素质、家庭对粮食的依赖程度）扮演了很重要的角色。高智还将粮食生产潜力划分为三个层次：产量差 1（农户行为潜力）是目前农户实际平均单产与社区内最高单产户平均单产之间的差距。它是在不考虑品种和耕地质量差异的情况下，可以认为是在正常年景通过对农户生产行为的调整和影响可以达到的，因而是现实的潜力。产量差 2（技术和社会经济潜力）是社区最高单产户平均单产与当前生态条件下当前品种在区域生产试验或示范中的最高单产之间的差距。产量差 2 源于农户无法模仿或未能掌握的技术和无法超脱的社会经济因素。产量差 3（生物和技术潜力）是区域试验或示范最高单产与该区域理论最高单产之间的差距，它代表了该区域生态条件下生物和技术的潜力。

传统的粮食生产潜力是指影响作物产量的所有因子都达到最佳状态时作物所能达到的产量。但是，这些基于光热资源角度估算的粮食生产潜力往往高于农业的实际生产水平，且参数众多。周永娟（2008）对粮食生产潜力内涵进行了界定。她指出，粮食生产潜力是指某一空间单元的土地上，在某一时间内（年或若干年内）种植某一作物的主导品种，在当时生产技术条件和投入情况下，在平均气候条件下的单产。

以上研究从不同侧面对粮食增产潜力的内涵进行了界定，基于研究目的的

不同，这些界定各自都有其合理的一面。本书基于农户品种和技术采用行为视角讨论我国玉米增产潜力，其实质是假设在现有的品种和技术水平下，通过提高技术进步的广度可以实现的潜力。因此，本书借鉴高智（1997）对粮食增产潜力分层讨论的做法，同时借鉴 Kalirajan K. （1982）对粮食增产潜力的内涵界定。

也有研究专门对粮食增产潜力的影响因素进行了分析。

王宏广（1990）指出，我国农业潜力的实现主要依靠提高复种指数和实现技术潜力。并对我国农业生产潜力进行了估算，研究从光照、温度、灌溉、肥料、技术、经济等方面进行了讨论，指出粮食增产的物能代价是，每上升一个 25 公斤单产台阶约需 5.4 年，需增加 168 亿元固定资产投资积累，化肥 354 万吨（纯量），农用电 88 亿度，农机动力 4064 万马力。

彭胜民（2010）基于农学角度，从粮食种植的复种指数、粮食播种面积、粮食单产、中低产田改造、有效灌溉面积、农机总动力、化肥施用量、农药使用量、农田成灾面积等方面分析了黑龙江省粮食增产潜力，指出对粮食增产潜力最重要的三个因素是粮食单产、粮食播种面积和农田成灾面积，针对齐齐哈尔而言，三个最重要的影响因素是有效灌溉面积、农药使用量和农机总动力。

王进慧（2011）以小麦为研究对象，将小麦单产的影响因素分解为：自然因素、品种因素、生产条件和技术措施三大主因素，再将生产条件和技术措施分解为劳动力投入、农业机械使用、病虫害防治、施肥技术、有效灌溉比例五个部分，然后应用柯布—道格拉斯生产函数分别计算了其引入的连续性变量（成灾面积比、小麦单位面积化肥施用量、农药施用量、农业机械动力、劳动力投入以及有效灌溉面积比例）的弹性系数。

李家洋（2013）指出，改革开放以前，我国粮食单产增长对总产贡献作用为 86.0%，面积作用为 14.0%；改革开放以后，单产贡献率为 116.5%，而面积贡献率为 -16.5%。也就是说，1979 年以来，在粮食播种面积缩减的背景下，我国粮食总产的增长完全依赖于粮食单产水平的提高。不过，玉米的单产贡献和面积贡献与全国粮食的总体形势并不一致。

高云、陈伟忠、詹慧龙等（2013）在总结国内文献的基础上，指出不论何种影响因素，要么影响粮食种植面积，要么影响粮食单产水平，并从粮食的产后损失、耕地质量、灌溉条件、良种选用等影响粮食单产水平和影响粮食种植面积的各因素分别入手，讨论了这些因素对粮食产量的影响，并预测未来12年我国粮食增产潜力为500亿公斤。

根据不同学者对农作物增产潜力的理解来看，有人将其理解为单产潜力，也有人理解为总产潜力，由于农作物总产量等于单产水平乘以种植面积，因此两种理解对增产潜力的分析不构成实质性差异。尤其在我国耕地面积不断减少的背景下，不论是从单产角度还是从总产角度理解增产潜力，最后的研究重点依然是单产潜力。

根据不同学者对农作物增产潜力的影响因素看，农学专家侧重从技术层面分析作物的遗传产量，经济学家最早提出了品种的遗传产量与实际产量的概念，并侧重于从社会经济层面分析作物的实际产量。实际产量受许多外界因素影响，与遗传产量有很大差距。尽管多数研究都是从农学角度理解增产潜力，但越来越多的农学专家认识到农作物增产潜力的分析不能停留在大田产量与遗传产量的差距上（张世煌，2004），人们开始从社会经济学角度理解增产潜力。

四、关于粮食增产潜力估算方法的应用

粮食增产潜力的估算方法很多，已有不少科学家及科研工作者进行了这方面的工作。总结看，农学专家主要从与水热条件有关的因素（包括温度、蒸发、降水等）、从与光合作用有关的因素（包括辐射、反射、漏射、呼吸消耗等）、从综合角度（包括光、热、水、日照等十余个指标）建立了包括土地生产潜力、光合生产潜力、光温生产潜力、瓦根宁根（Wageningen）和生态区域法等方法在内的粮食增产潜力模型。但这些方法都是从自然科学角度提出的，下面主要从社会经济学角度对粮食增产潜力的研究方法进行总结。

第一，回归分析法。Kalirajan K.（1982）用最大似然估计法对粮食的增产潜力进行了估计，研究结果表明，实际中单产潜力比专家们普遍观察到的单产差

距要小得多。Neumann K. 等（2010）应用随机前沿生产函数，相关变量包括温度、粮食生长期的降雨量、光合有效辐射和土壤肥力限制；无效率函数的相关变量包括灌溉、坡度、城市人口比、市场便利性、市场影响力指数，研究结果表明，小麦、玉米和水稻的实际产量分别是它们前沿产量的 64%、50% 和 64%。毕红杰、王增辉（2010）应用 CD 生产函数，用时间变量反映农业技术进步来估算技术进步的贡献率，进而预测粮食增产潜力。李菲（2011）以 2010 年 12 月对安徽省 20 个县市区粮食生产情况的问卷调查资料为基础，通过多元线性回归模型来定量分析安徽省粮食增产潜力。袁惊柱等（2012）以小麦新品种“川麦 42”为例，对农户实际种植进行数据调查，运用投入产出法分析了“川麦 42”的投入产出效应，并对“川麦 42”生产中各投入要素对产值的影响进行回归分析，揭示了“川麦 42”的增收效应、影响因素和增收途径。

第二，类推法。吴凯等（1996）应用直接类推法和间接类推法，估算预测 1995 ~ 2000 年黄淮海平原农业综合开发的效益和粮食增产潜力，研究认为，即使农业综合开发的规模与前六年相同，但是，由于水利工程效益更充分地发挥和农业的科技含量持续增长，开发区粮食完全可能增产 90 亿公斤。周永娟（2008）用移动平均模型分层次对全国粮食单产潜力和粮食总产潜力，辽宁省粮食单产潜力和总产潜力进行了预测。

第三，以定性分析为主的比较分析法。高智（1997）以农户的粮食生产行为为基本视角，以华北不同农业生产水平典型区域为例，在农户访谈和问卷调查资料的基础上，采用描述性统计，分析了不同农业生产水平区域农户粮食生产潜力的差异及其主要影响因素。认为粮食价格和化肥价格均不是农户决定其化肥投入水平的主要依据，在影响农户化肥施用水平的因素中，长期形成的相对固化的习惯行为，作物的实际需要及资金的紧缺程度起着更为重要的作用。刘学文等（2010）应用比较分析法，分别从粮食单产潜力，技术进步潜力，农业机械化潜力、后备土地资源和中低产田改造的增产潜力，土地规模经营潜力四个方面比较了四川粮食生产现状与国外或国内粮食生产之间的差距，以说明四川粮食增产潜力。

综上所述，对粮食增产潜力的研究方法很多，回归分析需要基于大量的调研和样本数据进行，类推法侧重于在历史数据的基础上进行预测，定性分析则缺少足够的数据支撑而显得不够严谨。可见，每种方法都具有自身的局限性和一定范围的适用性。

五、已有研究的综合性评价

总体来说，多数关于增产潜力的研究都是从农学角度展开，有的是土地的增产潜力分析；有的是化肥农药投入的增产潜力分析；有的从品种角度来分析农产品增产潜力；有的从病虫害防治角度来分析其增产潜力；有的是从作物栽培技术角度分析；有的是从气候角度；有的则将多个因素综合起来分析。可以说，从农学角度对增产潜力的分析已经非常成熟和系统。用计量经济学方法分析影响粮食增产潜力的农户品种和技术采用行为已经得到了普遍的认可，但对农户品种采用的偏好问题研究却很少，从经济学视角对增产潜力的分析则缺乏深度。农业生产是自然再生产和经济再生产相统一的过程，这样一来，对增产潜力影响因素的分析就不应局限于对温度、湿度、光照等自然因素，化肥、土壤和农药等栽培管理技术的分析，还应涉及微观层面的农户行为及其影响因素，农民的种植习惯和偏好等经济文化因素。然而目前的相关研究基本上处于“各自为营”的状态，因此，结合农学和经济学，将农户品种、技术采用与粮食增产潜力结合起来系统分析会更具说服力。

第三节　研究目标和研究内容

一、研究目标

本书的总目标为：基于农户品种和技术采用行为讨论我国玉米增产潜力问

题，为未来我国玉米的生产、供给和贸易政策提供参考。具体目标包括以下四点：

第一，分析我国玉米品种演变、主导品种推介体系，玉米品种采用情况，从农业生产资料购买者的角度出发，以 Lancaster 消费理论为基础，以夏玉米为例，用随机参数模型和潜类别模型测度农户对玉米品种性状的支付意愿，以及不同类别农户的偏好特征。

第二，分析主要技术的采用情况、影响因素及产量效应。基于样本数据分析我国玉米技术的采用情况，以夏玉米的“一增四改”技术为例，研究国家主推夏玉米专用技术的增产效应；以“赤眼蜂防治玉米螟技术”为例，研究国家主推春玉米专用技术的采用情况，建立 Logit 模型，分析技术采用的影响因素。

第三，控制玉米种植的中间投入品、劳动投入和土地投入等变量，将品种和技术采用纳入一个统一的模型分析品种和技术采用对产量的影响。

第四，从技术进步的广度、深度以及提高技术进步的到位率来分析我国玉米增产潜力，并就如何实现这些潜力，提出相关的政策建议。

二、研究内容

基于上述研究目标，本书从以下几部分展开论述：

第一章，导论。介绍本书的研究背景、研究目标、研究方法和技术路线，论述研究意义，对国内外研究现状进行总结，对研究所涉及的数据来源、性质及在各章节的使用情况进行概括，并就样本选择进行了说明，最后就研究的创新点进行说明。

第二章，介绍本书的理论基础和研究范围。本书的理论基础主要涉及农户行为理念、兰卡斯特消费行为理论、诱制性技术创新理论。广义上说技术是包含了品种的，但本书为强调品种对粮食增产潜力的影响，因此将品种独立出来进行分析，本章就此进行说明。除此以外，还对玉米的研究范围进行了界定，对玉米增产潜力的内涵进行了讨论。

第三章，概括了我国及样本省区玉米生产概况。

第四章，对我国玉米生产布局变迁及比较优势。首先在了解我国玉米生产概况的基础上，对样本省区玉米生产概况进行分析；然后总结了新中国成立以来我国玉米生产布局的变迁；最后比较各省（区）玉米生产比较优势，并就我国玉米生产布局是否遵循农产品比较优势做出判断。

第五章，根据全国农业技术推广服务中心 1982～2012 年的数据分析我国玉米品种的更新情况；对我国玉米主导品种推介体系及玉米良种补贴进行分析；以调研数据为基础，分析我国玉米品种采用的现状。

第六章，以夏玉米为例，根据选择实验方法，利用随机参数模型和潜类别模型测度农户对玉米品种性状的支付意愿，以及农户玉米品种的偏好特征。

第七章，在概述我国玉米主推技术的基础上，根据样本数据反映出我国玉米生产栽培技术的采用情况，以春玉米“赤眼蜂防治玉米螟技术”为例，采用二元 Logit 模型，分析技术采用的影响因素。

第八章，以夏玉米的“一增四改”技术为例，分析主要技术的增产效应。具体来说，应用倾向值匹配模型解决技术采用的内生性问题，根据山东、河北、河南、安徽和陕西 5 省 821 个农户玉米种植调研数据，分析农业部主推的“一增四改”技术的集成采用对玉米增产的影响。

第九章，基于主导品种和主要技术视角对我国玉米增产潜力进行估算。首先，从离散截面数据出发，估算农户主导品种和主要技术采用对玉米单产的影响；其次，纵向分析我国玉米品种更新和技术推广与我国玉米单产的关系；再横向对比我国玉米单产与美国、法国的差距，并结合玉米栽培专家的研究讨论我国玉米单产潜力和总产潜力；最后，基于离散调研数据，并以原来横向和纵向对比估算出来的玉米增产潜力为基础，从提高技术进步的广度估算农户主导品种和主推技术采用的增产潜力。

第十章，研究结论和政策建议，并对需要进一步研究的问题进行讨论。

第四节 研究方法及技术路线

一、研究方法

总的来看，本书综合应用了规范分析和实证分析相结合，文献分析和实地调研相结合，比较分析了农户的玉米品种和技术采用行为。

具体来说，运用文献分析法了解玉米栽培专家对我国玉米增产潜力的估算；运用比较分析法横向对比我国玉米单产与法国、美国之间的差异；运用实地调研法了解我国玉米生产栽培品种和技术的采用情况。就实证分析的具体方法看，包括以下四种，这四种方法全部基于2014年实地调研获取的截面数据。

（一）应用随机参数模型和潜类别模型分析农户对夏玉米品种性状的偏好和支付意愿

农户虽是农产品的供给者，但同时又是包括种子在内的农业生产资料的需求者，农户玉米品种采用问题也是农户玉米品种的需求问题。因此本书第六章基于兰卡斯特消费者行为理论，应用选择实验方法，结合随机参数模型（RPL模型）和潜类别模型（LCM模型）分析农户玉米品种性状属性的偏好。首先遵循选择实验的设计要求和原则进行调查问卷和选择集的设计，在两次预调研的基础上确定了玉米品种的性状属性——生育期、与干旱相关的产量特征、穗齐与否和籽粒品质；然后基于3880个选择集数据，利用Nlogit4.0估计随机参数模型和潜类别模型，并计算农户玉米品种性状属性的偏好和支付意愿。

随机效用模型假设随机效用 U_{ij} 由两部分组成：确定性部分 V_{ij} 和随机部分 ε_{ij}，其中，V_{ij} 是玉米品种性状属性的函数，ASC_i 为虚拟变量，而 ε_{ij} 则是由不可观测的玉米品种性状属性和个人偏好决定，因此随机效用为：

$$U_{ij} = V_{ij} + \varepsilon_{ij} = v_{kij}\beta'_{ki} + \varepsilon_{ij} = \beta_{ASC}ASC_i + \beta_{1i}v_{1ij} + \beta_{2i}v_{2ij} + \cdots + \beta_{Ki}v_{Kij} + \varepsilon_{ij} \quad (1-1)$$

不同农户对玉米品种性状属性的偏好不同，随机参数模型中受访农户 i 选择品种 j 的非条件概率 P_{ij} 为：

$$P_{ij} = \int \frac{\exp(\beta'_i v_{ij})}{\sum_m \exp(\beta'_i v_{in})} f(\beta_i) d\beta_i \tag{1-2}$$

式（1-2）中的 m 为选择项的数量（本研究中一个选择集中的选项数）。

虽然农户偏好是异质性的，但可以在这些差异中找到共性，也就是说，可以根据这些差异将 N 个农户划分为 C 个不同类别，每个类别的农户具有近似的偏好（Boxall 等，2002）。因此，可以进一步利用潜类别模型，分析不同类别农户的偏好差异。在潜类别模型中，f（β）不再连续，此时，农户选择玉米品种 j 的概率为：

$$P_{ij} = \sum_{c=1}^{c} \frac{\exp(\beta'_i v_{ij})}{\sum_m \exp(\beta'_i v_{in})} Q_{ic} \tag{1-3}$$

式（1-3）中，β_c 是 c 类别的参数向量，Q_{ic}是农户 i 可归为类别 c 的概率。

（二）应用二元 Logit 模型分析春玉米种植农户赤眼蜂防治玉米螟技术采用行为的影响因素

对于技术采用与否这类问题的研究，人们一般采用 Logit 模型或 Probit 模型。通常来说，人们侧重于从技术需求角度讨论农户技术采用行为，反映农户技术需求的变量一般包括农户年龄、受教育年限、农户规模、家庭劳动力数量、性别、是否村干部、是否参加农业保险、是否为专职农户以及农户收入等变量。研究发现，仅从技术需求角度分析赤眼蜂防治玉米螟技术采用行为虽然可以得到一个较好的模型，但深入分析却发现该技术的采用具有群聚性，因此，对赤眼蜂防治玉米螟技术采用影响因素的分析不能局限于技术需求，还需要考虑技术供给对技术采用的影响。将样本农户所在的县域（吉林靖宇县、双阳县、铁东县、伊通县）虚变量引入，用地点作为技术供给力度，环境因素及技术自身适应性特征的替代变量，可以大大提高模型的解释力，且更符合赤眼蜂防治玉米螟技术的自身特性。

Logit 二元离散选择模型形式如下：

$$P(y=1|x)=F(x,\beta)=\Lambda(x'\beta)=\frac{\exp(x'\beta)}{1+\exp(x'\beta)} \tag{1-4}$$

将式(1－4)变形，可得下式：

$$\ln\left(\frac{p}{1-p}\right)=\beta_0+\sum_{i=1}^{n}\beta_i X_i+v \tag{1-5}$$

式（1－5）中，$\frac{p}{(1-p)}$表示农户技术采用概率与不采用概率的发生比，Logit 模型的偏回归系数 β_i 表示自变量 x_i 变动一个单位所带来的对数发生比的改变量，由于没有直观意义，一般地，我们将式（1－5）变换为如下形式：

$$odds=\frac{p}{1-p}=\exp(\beta_0+\beta_1x_1+\beta_2x_2+\cdots\beta_nx_n+v)=e\beta_0\times e^{\beta_1x_1}\times e^{\beta_2x_2}\cdots\times e^{\beta_nx_n}\times e^{v} \tag{1-6}$$

式（1－6）中，e^{β_i}为发生比率（Odds Ratio），它表示自变量变动一个单位时，发生比变动的倍数。即自变量变动一个单位所带来的发生比变动的百分比为（$e^{\beta_i}-1$）×100%，这对回归系数的解释较有意义。

（三）应用倾向值匹配模型分析农户夏玉米“一增四改”技术的增产效应

作为一种轻简型增产技术，夏玉米“一增四改”技术在我国已经推广多年，但技术的采用是农户自选择的结果。若是通过描述性统计简单地将技术采用农户与未采用农户进行对比的结果作为技术的增产效应，而不考虑两组农户的可比性和数据的平衡性问题，得出的结论难免有偏。因为处理组（技术采用组）和控制组（技术未采用组）除了在技术采用上有差异之外，在土壤肥力、认知水平等方面可能也存在差异。倾向值匹配法实质上是将影响产出变量（玉米单产）和结果变量（夏玉米“一增四改”技术采用与否）的协变量纳入到 Logit 模型中，对农户技术采用行为进行倾向值打分，再将倾向得出相似的农户放在一起对比两组农户技术采用的产量效应。根据倾向得分模型协变量选择的三个原则，本书将农户的年龄、受教育年限、土地面积、家庭劳动力数量、土地肥力特征、家庭是否拥有电脑、是否村干部、是否遭受严重病虫害、是否参加农业保险、是否纯农业户、土地是否租入和土地能否浇水等变量作为协变量。

倾向得分定义为在给定样本特征的情况下，农户集成采用“一增四改”技术的条件概率：

$$p(X)=pr[T=1|X]=E[T|X] \tag{1-7}$$

式（1-7）中，T 表示一个指示函数，如果农户集成采用“一增四改”技术，则 T=1，未集成采用，则 T=0。因此，假设其倾向得分已知，对于第 i 个农户而言，则集成采用“一增四改”技术对农户产量的影响为：

$$ATT=E\{E[Y_{1i}|T_i=1,\ p(X_i)]-E[Y_{0i}|T_i=0,\ p(X_i)]\} \tag{1-8}$$

式（1-8）中，ATT 表示“一增四改”技术集成采用的平均处理效应，Y_{1i} 表示第 i 个农户在集成采用“一增四改”技术时的产量水平，Y_{0i} 表示第 i 个农户未集成采用“一增四改”技术时下的产量水平。

（四）结合 CD 生产函数应用分位数回归分析农户玉米品种和技术采用对产量的影响

柯布—道格拉斯生产函数应用广泛，在农业经济领域常常被用来估计投入要素对农作物产量的影响。本书利用柯布—道格拉斯生产函数，控制中间品投入、劳动投入、土地规模等因素讨论农户主导品种和主推技术采用对农户玉米单产水平的影响。但基于截面数据的最小二乘法估计很容易遇到异方差问题，而且通常来说微观调研数据的变异较大，从而影响到参数估计的稳定性与可靠性。分位数回归对模型中的随机误差项不需做任何分布的假定，对于整个回归模型来说，具有较强的稳健性，因此，本书采用分位数回归估计 CD 生产函数并将其与最小二乘法的估计结果进行对比。

参考 CD 生产函数，然后等式两边同时取对数，基于计量分析的农户玉米品种和技术采用对产量影响模型构建如下：

$$\ln Y=\alpha_0+\beta_1\ln labor+\beta_2\ln input+\beta_3\ln landarea+\beta_i X_i+u \tag{1-9}$$

式（1-9）中，β_1、β_2、β_3 分别代表劳动投入，中间品投入和土地对玉米单产的弹性；β_i 表示保持其他因素不变的情况下，X_i（示性变量）对玉米单产的影响较非 X_i 因素预计高（低）出 $100\times(e^{\beta_4}-1)$。

二、技术路线

本书的技术路线如图 1－3 所示，总体上，本书可分为三大部分，第一部分为理论基础和我国玉米生产概述，第二部分为实证分析，第三部分为结论与政策启示。

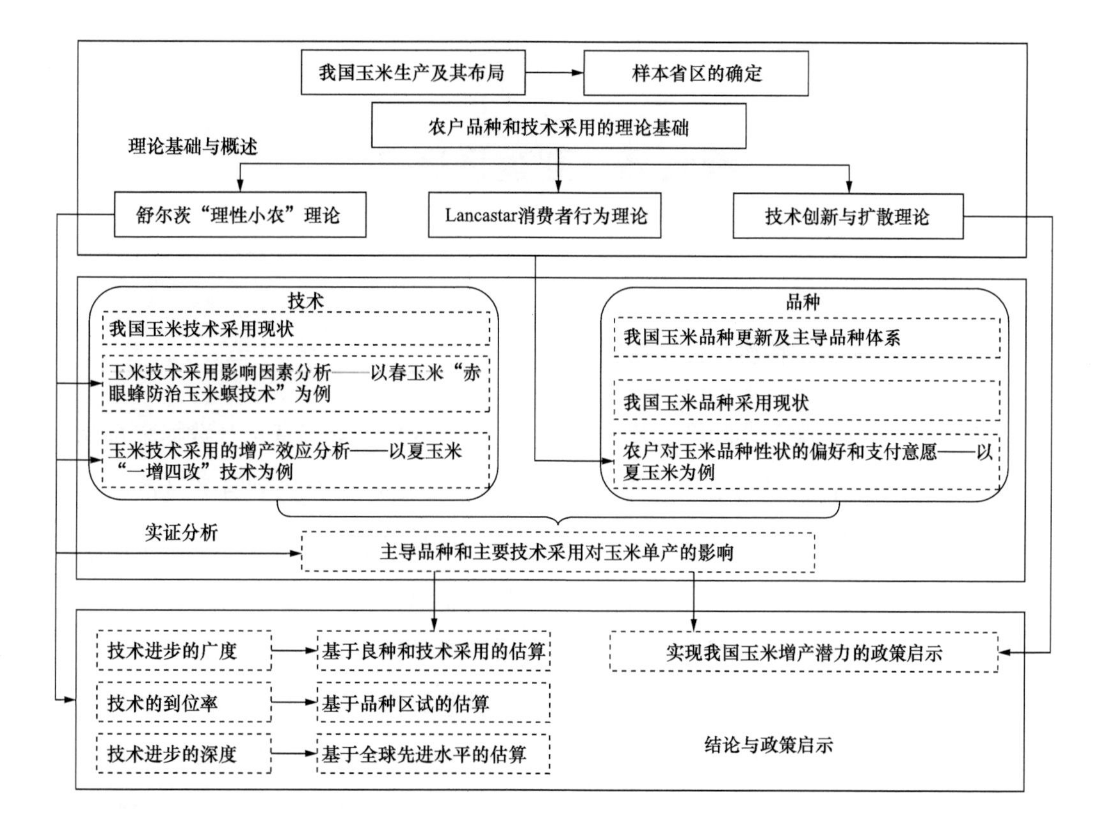

图 1－3 本书的技术路线

第一部分重点分析了舒尔茨的理性小农说和 Lancerster 的消费者行为理论，基于宏观数据对我国 1949～2014 年的玉米生产进行概述并分析其生产布局的变迁，然后在对我国玉米生产情况总体把握的基础上，对实证分析所需要的样本省区进行选择和确定。理论分析是后续实证分析和政策启示的基础，从图 1－3 中可以看出，有关理论对后文都有直接的指导作用，特别是理性小农理论更是农户品种和技术选择行为分析讨论的重要基础。

第二部分基于微观数据分别对农户技术采用行为和品种选用行为进行分析，对玉米技术采用影响因素和玉米技术采用的增产效应和主推玉米品种的增产效应进行分析，对农户玉米品种的偏好进行深入讨论。

第三部分对之前的分析进行总结，估算我国玉米增产潜力，提出政策启示。

第五节　数据及样本

一、数据来源、性质及使用情况

本书第四章、第五章和第九章分析中用到宏观数据，第三章宏观数据来自我国农业部种植业管理司网站和《2015 年中国统计年鉴》的全国和各省区的粮食和玉米的播种面积、产量及单产数据；第五章宏观数据来自全国农业技术推广服务中心统计的我国近年来主要玉米品种的推广面积数据；第九章宏观数据来自联合国粮农组织数据库中的有关各国玉米产量和单产数据。

第五章、第六章、第七章、第八章和第九章的撰写中用到微观数据，具体情况如表 1 -1 所示。本书所用微观数据全部来自 2014 年的实地调研数据，调研采用面对面访谈形式，问卷并不是直接询问农户是否使用了某项技术，因为有些农户虽然实际上使用了，但可能对技术名称并不关心也不清楚。因此，项目组详细调研了农户对整个玉米栽培过程中的细节，例如，玉米品种、播种量、留苗密度、播种方式、收获方式、播种时间及收获时间、施肥量及肥料种类等。问卷涉及玉米种植技术采用、成本消耗、施肥情况及农户家庭特征，在山东和河南的追加问卷中还涉及农户玉米品种性状属性偏好情况。

表1-1 本书数据来源、性质及其使用情况

章节	研究目的	数据来源
第四章	我国玉米生产布局及比较优势	宏观数据：农业部种植业管理司网站和《2014年中国统计年鉴》
第五章	我国主要玉米品种及其演进	宏观数据：全国农业技术推广服务中心
	样本农户品种采用现状	微观调研数据（截面）：N=1161（春玉米和夏玉米）
第六章	农户夏玉米品种性状偏好与支付意愿	微观调研数据（截面）：N=388　（夏玉米）
第七章	样本农户玉米技术采用情况	微观调研数据（截面）：N=1161（春玉米和夏玉米）
	技术采用影响因素分析	微观调研数据（截面）：N=195　（春玉米）
第八章	玉米“一增四改”技术的增产效应	微观调研数据（截面）：N=821　（夏玉米）
第九章	主导品种和主要技术对单产的影响	微观调研数据（截面）：N=1161（春玉米和夏玉米）
	中美、中法玉米单产对比	宏观数据：联合国粮农组织数据库

二、样本选择与分布

本书主要研究的玉米产区为北方春玉米区、黄淮海夏玉米区和西北灌溉玉米区，并兼顾到各省区对所属玉米产区和所属区域的代表性，本书样本涉及7个省，分别为吉林、河北、山东、河南、陕西、安徽和甘肃。这些省玉米种植面积占所属区域的比重偏高，吉林是典型的北方春玉米产区，玉米播种面积占东北区的32.24%；河北和山东是华北区的粮食主产区，玉米播种面积分别占华北区的27.25%和26.87%；河南历来是粮食大省，主产小麦和夏玉米，河南全境都属于黄淮海夏玉米产区，其玉米播种面积占华中地区的76.87%；华东地区的安徽也是粮食大省，2014年其玉米播种面积852.4千公顷，在全国玉米总播种面积中占比较低，但其占华东区的61.37%；陕西和甘肃是西北区的玉米主产区，陕西境内既种植春玉米又种植夏玉米，2014年两省玉米种植面积分别占西北区的34.12%和29.60%，如表1-2所示。

表 1－2　样本省区所属玉米产区及 2014 年玉米播种面积占比

省区	所属区域	占全国玉米播种面积百分比（%）	占所属区域玉米总播种面积百分比（%）	所属玉米产区
吉林	东北区	9.91	32.24	北方春玉米产区
河北	华北区	9.38	27.25	北方春玉米产区，黄淮海夏玉米产区
陕西	西北区	3.71	34.12	北方春玉米产区，黄淮海夏玉米产区，西南山地玉米区
甘肃	西北区	2.21	29.60	北方春玉米产区，西南山地玉米区，西北灌溉玉米区
山东	华北区	9.31	26.87	黄淮海夏玉米产区
河南	华中区	9.21	76.87	黄淮海夏玉米产区
安徽	华东区	2.42	61.37	黄淮海夏玉米产区，南方丘陵玉米区

数据来源：《中国统计年鉴》（2014）。

在综合考虑样本省区各县粮食生产分布和生产规模的基础上，确定了 27 个样本县，其中有 11 个县属于国家粮食主产县。本书利用以上 7 省 27 县玉米种植农户的数据，数据清理过程中剔除青贮玉米种植农户样本和缺少关键信息的部分问卷。以上 7 省中，涉及夏玉米生产栽培的地区有山东、河北、河南、安徽和陕西 5 省，19 个县，59 个乡镇，有效问卷 821 份；涉及春玉米生产栽培的有吉林、陕西和甘肃 3 省，共 11 个县，27 个乡镇，有效问卷 340 份。样本具体分布如表 1－3 所示。

表 1－3　调研样本分布明细表

玉米品种	省份	市	县	乡\镇	备注
夏玉米（N＝821）	安徽	合肥	肥东	八斗、石塘	粮食主产县
夏玉米（N＝821）	安徽	滁州	明光	古沛、简溪、苏巷	粮食主产县
夏玉米（N＝821）	安徽	宿州	埇桥	北杨寨、大泽、灰谷	
夏玉米（N＝821）	山东	菏泽	曹县	侯集、苏集、王集	
夏玉米（N＝821）	山东	烟台	莱州	城港路街道、土山、朱桥	粮食主产县
夏玉米（N＝821）	山东	泰安	东平	接山、沙河站、梯门、新湖	
夏玉米（N＝821）	山东	淄博	桓台	果里、荆家、唐山	粮食主产县

续表

玉米品种	省份	市	县	乡\镇	备注
夏玉米（N＝821）	河北	保定	高碑店	方管、军城办事处、辛立庄	
		邢台	隆尧	北楼、东良、山口	
		石家庄	藁城	廉州、梅花、兴安	粮食主产县
		邯郸	曲周	白寨、大河道、曲周	
	河南	洛阳	伊川	酒后、鸣皋、平等	
		新乡	卫辉	城郊、郝庄村、柳庄、太公泉	粮食主产县
		周口	扶沟	白谭、柴岗、韭园、朱岗	
			项城	丁集、郑郭、范集	粮食主产县
	陕西	西安	户县	涝店、秦渡、余下	粮食主产县
		铜川	耀州	董家河、演池	
		渭南	合阳	城关、坊、新池	
			富平	到贤、刘集、王寮、五寨	粮食主产县
春玉米（N＝340）	陕西	西安	户县	余下	粮食主产县
		铜川	耀州	石柱	
		渭南	合阳	城关、坊、新池	
	吉林	长春	双阳	鹿乡、齐家、双营	
		白山	靖宇	花园口、龙泉、濛江	
		四平	伊通	大孤山、三道、新兴	粮食主产县
			铁东	城东、山门、叶赫	
	甘肃	天水	秦安	刘坪、千户、云山	
		兰州	榆中	三角城、小康营、新营、连搭	
		定西	临洮	辛店、洮阳	
		张掖	山丹	东乐	

数据来源：《中国县（市）社会经济统计年鉴》（2011）。

第六节 研究的创新说明

第一，分析了农户夏玉米品种性状属性的偏好与支付意愿，基于河南和山东的调研数据，结合选择实验方法，应用随机参数模型和潜类别模型分析了农户对夏玉米品种的生育期、与干旱相关的产量特征、籽粒品质及穗位整齐度等性状属性的偏好与支付意愿。

第二，分析农户行为改变可能带来的玉米增产潜力。有别于农学专家对玉米增产潜力的研究大多基于实验出发，本书从农户品种和技术采用出发，基于大田调研数据，分析了农户行为改变所致的玉米增产潜力。

第二章　理论基础与概念界定

第一节　理论基础

一、农户行为理论

（一）舒尔茨“理性小农”理论

在舒尔茨之前，多数人认为小农户是非理性的；舒尔茨指出，小农户虽然资源有限，但能够对其进行合理配置，其经济行为看起来“非理性”，但却是在其所处社会经济环境中的最优选择。舒尔茨因此提出改造传统农业的有效途径是引进先进的农业生产技术。20 世纪中期，波普金（S. Popkin）在其著作《理性的小农：越南农业社会的政治经济》中指出，农户是理性的，用资本主义中的“公司”或“企业”描述小农户是最合适不过的，只不过小农户的目标是家庭收入或福利最大化。学界一般将波普金和舒尔茨的观点总结为“舒尔茨—波普金命题”。

（二）恰亚诺夫“道义小农”理论

著名农业经济学家恰亚诺夫（A. V. Chayanov）是“实体经济学派”的主要

代表人物，其代表作《农民经济组织》。恰亚诺夫从劳动的效用角度阐述了他的主要思想。一方面，农业生产劳动能够满足农户消费要求，是对其享乐的一种满足，因此，农业劳动具有正的效用；另一方面，农业生产在满足农户各种物质需求的同时，意味着农户要付出辛勤的劳动，这样看，农业劳动具有负的效用。农户劳动投入的多少来自农业劳动正效用和负效用的一个权衡。当农户认为农业劳动正效用大于负效用时，即农户收获的农产品未能满足农户时，则农户愿意继续投入劳动，以获得更多的正效用或农产品；反之，农户会减少劳动投入量。当二者相等时，则农户投入的劳动达到最优水平。另外，有一些农户，生活比较贫困，不愿意投入更多劳动使生活改观，因为这些农户认为劳动的正效用小于休闲娱乐带来的效用。总之，"实体经济学派"认为，小农户的生产目标并非收益最大化，而是家庭消费各种需求的满足。这一理论解释了在市场工资高于边际收益条件下，小农户增加劳动投入的本质原因。后来，美国经济学家斯科特进一步发展了"实体经济学派"，他提出了"实体经济学派"，指出，小农经济坚守的是"安全第一"的原则，对生存问题尚且不能完全应付的小农而言，最优的选择不是追求收益最大化，而是避免经济灾难。该学派强调小农户强烈的以生存为第一优先原则的倾向。

（三）黄宗智"综合小农"理论

美籍华人黄宗智教授重点研究了中国清初以来300年（尤以20世纪30年代为重点）华北地区的小农经济，指出小农"并不以资本主义企业行为的逻辑来支配活动。一个资本主义企业，不会在成本超越报酬的情况下继续投入劳动。但对一个有剩余劳动力及挣扎于饥饿边缘的贫农家庭式农场来说，只要边际劳动报酬保持在零以上，便值得继续投入劳力。"黄宗智将小农总结为集生产和消费于一体的单位，而不只是一个生产单位，从而提出了"综合小农"的理论。可见，小农行为动机的解释，既需要企业行为理论，也需要消费者行为理论。恰亚诺夫式的生计生产者能够解释小农行为，舒尔茨的理性的利益最大追逐者也能够解释小农行为，综合来说，小农行为遵循有限理性。小农经济的收入由农业家庭收入和非农雇工收入共同构成，由于农户作为一个共同利益的组织，没有多余的劳动

力，也就是农业劳动力的过密化问题，因此，中国的小农经济不会产生真正的“无产—雇佣”阶层，也无法形成真正的雇佣劳动者，所以，中国的工人不是真正意义的“无产者”，而是处于“半无产化”状态，黄宗智进一步指出20世纪80年代中国农村的改革是一种反过密化的过程。

总结看，上述不同学派的理论都具有一定的合理性。由于不同学派的视角不同，所处的历史阶段和背景不同，他们的结论存在一定的差异。但本书认为理性小农是社会经济中的普遍现象，农户行为受农户所处的自然和地理环境、社会、经济政治和文化的综合影响，某些看似不合理的行为大多都有其内在、合理的原因。

二、兰卡斯特消费理论

消费欲望决定了消费者行为，消费者行为的最高原则是追求效用的最大化。最早的消费者效用理论分为基数效用理论和序数效用理论，理论强调消费者在预算约束内寻找不同商品数目的组合，达到期望效用的最大化。不同于传统消费理论，Lancaster的产品特征消费需求理论指出，消费者并不是从商品（服务）本身获得效用，而是从附属于商品（服务）之上的特征属性获得效用。也就是说，任何一种商品或服务都可以分解成特征属性的组合。一般地，每个商品（服务）不只有一种属性特征，而是多个属性特征集于一体。具体来说，兰卡斯特消费行为理论模型如图2－1所示。

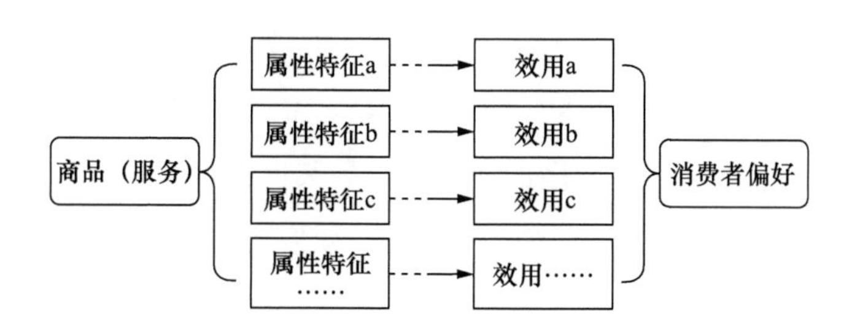

图2－1　Lancaster消费行为理论

兰卡斯特理论解释了价格因素的作用，认为不同商品（服务）之间之所以能够互相替代，是因为单位价格内所能购买的商品（服务）的属性特征相同。将这一理论应用于玉米品种，则农户对品种的选择行为是农户根据玉米品种所具有的抗性、高产性、稳产性等性状属性所进行的判断。

三、诱致性技术创新理论

技术进步是农业增长的源泉，是农产品供给增加的重要力量。基于这一思想，本书从农业技术进步的广度和深度对我国玉米产量增长潜力进行分析。但技术进步的源泉是什么？诱致性技术创新和扩散理论分析了技术进步的内因问题，它可以分为两大分支。

（一）市场需求诱致的技术创新

格里克斯以美国杂交玉米的发明和推广为例，指出技术进步源于人们降低成本，获取收益的内在动力，只要新技术能够带来足够的收益，则新技术就很容易取代旧技术，也就是说，市场需求诱致技术创新（Griliches，1957）。施莫克勒指出，重要的基础理论并不必然构成技术进步的主要激励，技术创新的根本动力在于市场力量或市场需求，而不是基础科学知识（Schmookler，1962）。他们二者的思想被称为“施莫克勒—格里克斯”假说，这一假说改变了技术创新在人们印象中的业余、非规范活动的形象，转而变成了一种有目的的、连续的、逐利的企业化的经济行为。

（二）要素稀缺性诱致的技术创新

希克斯（Hicks）根据技术创新对生产要素的节约方向，第一次将技术创新分为劳动节约型、资本节约型和中性技术创新。希克斯指出，技术创新在本质上是用更少的要素或资源生产更多的产品，如果某项技术主要节约的要素是劳动力，则该项技术就属于劳动节约型技术创新；如果某项技术主要节约的要素是资本，则该技术就属于资本节约型技术创新；如果新技术对劳动和资本节约的程度相近，则称为中性技术创新。在技术进步的历史上，技术创新是偏向于节约劳动还是节约资本，由两种生产要素的相对稀缺程度决定。

建立在比较静态分析的基础上，将公共部门排除在外，汉斯·宾斯旺格（Bingswanger）发展出一个诱致性技术创新的微观经济学解释模型，把厂商条件下的相对要素价格对要素节约倾向的影响和产品需求对技术变革速度的影响综合在一起，指出在要素相对价格变化的影响下产生了有利于生产可能性曲线向更高水平移动的技术变革。

在希克斯和宾斯旺格等研究的基础上，20 世纪 70 年代，日本农业发展经济学家速水佑次郎（Yujiro Hayami）和美国经济学家弗农·拉坦（Vernon W. Ruttan）共同提出了“资源禀赋诱导的技术变革理论”，指出技术创新源于市场价格机制下相对资源要素禀赋变化，也就是说，生产要素的稀缺程度决定了其相对价格，从而决定了生产技术的创新和推广。该理论指出，由于不同时期，资本、劳动、土地等生产要素的相对价格会发生变化，则技术创新总是会以低价格的要素替代高价格的生产要素，从而降低生产成本。速水佑次郎和拉坦指出，农户所拥有的生产要素及其价格，决定了农户生产经营中的技术选择。例如，土地资源充裕而劳动力稀缺的农户会选择如实施机械化之类的节约劳动力的农业生产技术；而劳动力充裕，土地稀缺的农户则会选择如生化技术之类的提高土地产出率的技术。

对诱致性技术创新理论在农业生产领域中的应用，Burmeister（1987）指出，有很多的案例表明农业技术创新更多是自上而下强加给农民的，因此，农民在市场驱动下选择的观点并不能得到证实，所以农业技术创新理论更适合的名称也许是“强制创新”，而不是“引致创新”。这一观点看起来对于我国这种计划经济特征较为明显的国家尤其适用，但细究之下，即使自上而下的农业技术在研发过程中也必然要考虑农户的需求，因为当技术面临没有市场的时候，公共部门的技术研发会根据市场需求进行相应的调整，因此，Burmeister 的观点并不能真正成立。

四、罗杰斯的创新扩散理论

罗杰斯的创新扩散理论认为农户技术扩散可以划分为五个阶段。

第一阶段是认识阶段，这时农户只是对技术有初步的了解，他们主要关心技术的原理，有关技术的详细情况农户还没有全面的认识，所以他们对技术采用所获得的收益持怀疑态度。

第二阶段是兴趣阶段，农户在对技术有初步认识的基础上，发现技术与自己息息相关，技术采用可能带来收益，农户会通过各种手段，进一步了解技术。

第三阶段是评价阶段，农户在获得技术的更多信息之后，联系实际，就自身是否采用技术进行判断并做出采用或不采用的决定。

第四阶段是试用阶段，农户为减少技术采用的不确定性，降低风险，通常会在小范围内进行技术的试用，通过试用，农户能够详细了解技术要点以及技术产生的成本和收益。

第五阶段是大面积采用或技术放弃阶段。在试用的基础上，农户对技术的效果有了更深刻的了解，结合生产实际也有了经验积累。这时农户会做出是继续大规模采用或是放弃的决定。

五、主要理论在本书中的应用情况

农户行为理论是本书最重要的理论基础，本书第七章和第八章的模型构建在舒尔茨理性小农说的基础之上。此外，对实证结果的解释和主要结论的得出也都基于农户理性的前提条件。

从农产品供给的角度看，农户属于生产者；从农业生产资料的需求角度看，农户又属于消费者。因此，农户行为既包括农产品的生产经营行为，又包括农业生产资料的消费购买行为，是一个复杂的系统。本书基于农户品种与技术选用行为视角研究我国玉米增产潜力，着重分析农户的生产经营行为，但农户同时又是生产资料的购买者，因此从消费者角度分析其种子购买行为。

兰卡斯特消费理论是第六章选择实验设计的理论基础，根据兰卡斯特消费理论结合研究目的和农户需求，本书将玉米品种的性状属性分解为品种的生育期、穗位整齐度、籽粒品质与干旱相关的产量特征，用于分析第六章农户对玉米品种的偏好及支付意愿（见表2－1）。

表 2-1　主要理论在本书中的应用情况

主要理论	应用情况	对应章节
农户行为理论	二元选择模型、技术采用的增产效应模型的构建；实证结果的解释和研究结论	第三章～第十章
兰卡斯特消费理论	玉米品种的支付意愿	第六章
诱致性技术创新理论	实证结果的解释和研究结论	第六章、第十章
罗杰斯的创新扩散理论	政策建议	第十章

当前我国生产要素价格发生了很大变化，尤以劳动力价格上涨为主要特征。这一变化对我国农业生产产生了深远的影响，一些节约劳动力的轻简型技术受到农户的欢迎，并快速扩展。在本书中诱致性技术创新理论被应用于模型第六章实证结果的解释和第十章研究结论上。

农业生产技术的广度实质上是农业技术的普及问题，农业技术的普及基于技术的创新扩散理论。罗杰斯的创新扩散理论主要应用于本书的第十章。

第二节　概念界定及研究范围

一、玉米及其分类

玉米，一年生谷类植物，异花传粉植物，雌雄同株植物，雄花和雌花的花簇出现在同一植物的不同部位上，穗状的雄花着生在玉米植株顶端，雌花着生在植株中部。日常生活中，玉米又称为御麦、金豆、玉茭、苞谷、棒子等名称。玉米原产于中美洲，在世界各地均有分布，世界上玉米产量最高的国家是美国，其次是中国，其他玉米高产国包括巴西、阿根廷、乌克兰、印度、墨西哥、印度尼西亚、法国和加拿大等（根据 2011～2013 年世界各国玉米产量均值排名）。

16 世纪时玉米传入我国，在我国大部分地区都适宜种植。根据各地的土壤条件、气候条件、耕作制度、栽培特点、品种类型等的不同，一般把我国玉米栽培区划分为6个产区：北方春播玉米区、黄淮海夏播玉米区、西南山地玉米区、南方丘陵玉米区、西北灌溉玉米区及青藏高原玉米区。其中，北方春玉米区包括黑龙江、吉林、辽宁、内蒙古和宁夏、山西的大部分以及河北、陕西和甘肃的一部分，北方春玉米区占全国玉米总面积的39%，总产量约占全国的44%；黄淮海夏玉米区包括山东和河南的全部、河北的中南部、陕西中部、山西中南部以及江苏和安徽的北部，播种面积占全国的32.7%，总产量约占全国的35.5%；西南山地玉米区包括四川、贵州、重庆、云南和广西的全部、陕西南部、甘肃的一小部分、湖北和湖南西部，其播种面积约占全国的20%，总产量约占全国的15%；西北灌溉玉米区包括新疆的全部、甘肃的河西走廊区域和宁夏河套地区；南方丘陵玉米区包括江西、浙江、广东、福建、海南和中国台湾等省的全部，江苏和安徽的南部，广西、湖南和湖北的东部；青藏高原玉米区包括青海和西藏（陶承光，2013）。本书主要研究北方春玉米区、黄淮海夏玉米区及西北灌溉玉米区的玉米种植农户。

依据不同的标准，玉米可以分为很多类别，如表2－2所示。考虑到研究的普遍性、严谨性和研究范围的可行性，本书所研究玉米为春玉米和夏玉米，青贮玉米，鲜食玉米等不在研究范围之列。

表2－2　玉米的分类

分类依据	类别
播种季节	春玉米、夏玉米、秋玉米、冬玉米
食用类型	青贮玉米、籽实玉米
用途与籽粒组成成分	特用玉米（高赖氨酸玉米、糯玉米、甜玉米、爆裂玉米、高油玉米）、普通玉米
种皮颜色	黄玉米、白玉米以及其他颜色玉米
生育期分类	早熟、中熟、晚熟
植株高度	高秆型（株高>2.5米）、中秆型（株高2~2.5米）、矮秆型（株高<2米）

续表

分类依据	类别
叶片伸展角度	平展型（株型高大，宜稀植）、紧凑型（株型紧凑，单位面积可以截获更多的光能，增产潜力显著，是目前高产玉米杂交种的主要类型）

二、农业技术

农业技术是指应用于农业领域的各种经验和知识的积累。《中华人民共和国农业技术推广法》（2012）对农业技术有明确的定义，该定义囊括了农林牧渔生产中农产品生产各环节的技术。从这一定义看，优良品种也属于技术，但作为影响玉米产量的重要因素，本书将品种采用作为研究重点之一，因此将其与技术并列。

按照农业技术作用的方向不同，有的农业技术旨在提高农产品产量和质量，如生物技术、化学技术等；有的旨在降低农业生产成本或节约农业生产劳动力，如机械技术等；有的则旨在保护农业生态环境，实现农业可持续发展，如节水技术；有的技术是综合作用技术，如玉米的“一增四改”技术，既通过免耕直播实现土地的保护性耕作，又通过选用优良品种和增加种植密度提高玉米单产。按农业技术应用对象的不同，可将其分为综合技术和专项技术。综合技术可应用于所有农作物，如测土配方肥技术，既应用于水稻、小麦、玉米等粮食作物，也应用于棉花、蔬菜等经济作物；专门针对一种农作物的技术属于专项技术，如玉米的“一增四改”技术、夏玉米直播晚收高产栽培技术。

具体说，涉及玉米生产技术的方面很多，但本书主要就农业部主推的玉米专项技术进行分析，并且出于可行性的考虑，在这些主推技术中，又重点对夏玉米产区的“一增四改”技术及春玉米产区的玉米螟防治技术进行实证分析。

三、增产潜力

农作物增产潜力是指农作物的潜在生产力。此处，“潜在”一词尤显关键。

从技术推广角度看，农户采用增产型技术与未采用增产型技术之间会有一个产量差，从而会有一个潜在的生产力；从自然科学的角度看，在合适的温度、湿度、日照强度及肥力条件下，农产品所能达到的最高产量也构成了潜在生产力。因此，增产潜力是一个多层次的概念。本书结合玉米生产实际，将其层次划分为四层，如图2－2所示。

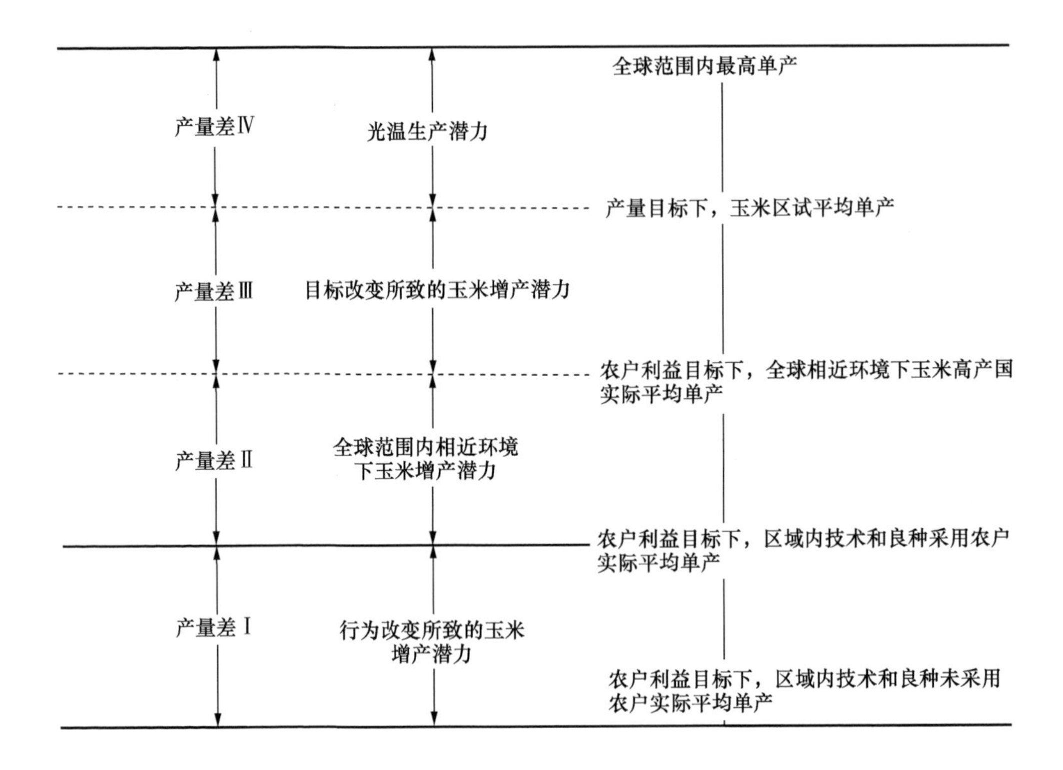

图2－2　玉米增产潜力层次

最底层的产量差是在农户利益目标下，农户行为改变所致的农产品增产潜力。在最底层，之所以强调农户利益目标，是因为农户利益目标是涵盖产量目标的综合体，产量并非农户的唯一目标，农户在考虑产量的同时，还要兼顾劳动力的消耗、利润目标的实现、粮食经营的机会成本等。第Ⅱ层的产量差是全球范围内相近环境下农产品增产潜力。第Ⅲ层的产量差是农户目标与技术人员目标间农

产品的增产潜力，技术人员关注的目标是产量，技术人员实验田的耕种投入与农户有很大的不同。第Ⅳ层的产量差是玉米的光温生物潜力，可以用全球范围内的最高单产与玉米区试平均单产之间的差代替。本书主要研究农户利益目标下，技术和良种采用对玉米单产的影响，也就是产量差Ⅰ，同时对产量差Ⅱ和产量差Ⅲ也进行分析，以做对比。

第三章　我国及样本省区玉米生产概况

第一节　我国玉米生产概况

一、我国玉米产量

新中国成立以来，我国玉米产量不断攀升（见图3－1）。1949年初，我国玉米产量仅为1241.8万吨，到2014年，我国玉米产量达到了21564.6万吨，是1949年的17.36倍，年均增长率为4.58%。从产量增长率曲线看，多数年份，产量增长率为正值，增长最高的年份是1970年，达到32.54%，其次分别为1998年、1963年、1990年和1952年，产量增长率都在20%以上。产量下降幅度最高的年份是1959年，产量下降为28.03%，其次分别为1997年、2000年、1985年和1972年，产量下降幅度都在10%以上。

根据玉米产量增长率的高低与波动，可将我国玉米生产划分为三个时期。

第一个时期为计划经济时期（1949～1977年）。这一时期是我国粮食生产恢复和缓慢增长时期，玉米的年均增长率为5.05%，同时这一时期也是产量变动率最高的一个时期，1949～2013年，产量增长率最高的是1970年，较1969年玉米

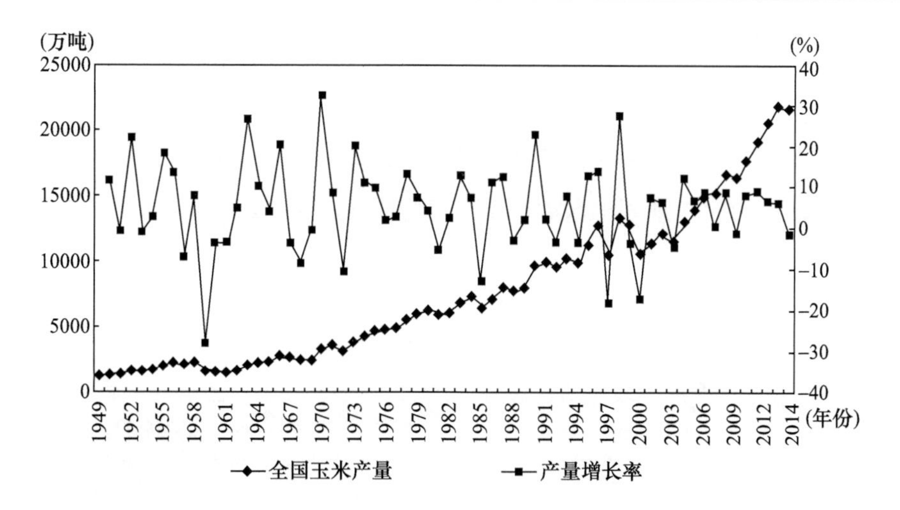

图 3－1　1949～2014 年我国玉米产量及增长率变化

数据来源：中国种植业信息网及《中国统计年鉴 2015》。

产量增加了 32.54%，产量增长率负值最高的是 1959 年，较 1958 年产量降低了 －28.04%。

第二个时期为改革开放至供销市场化前（1978～2003 年）。玉米的年均增长率为 3.47%，这一阶段前半时期玉米产量小幅波动，后期则表现为大幅波动。

第三个时期是供销市场化改革以来（2004 年至今）。这一时期我国执行了粮食直补政策、良种补贴政策、农机具购置补贴政策以及农资综合补贴政策，并对玉米执行了临时收储政策。这一时期，我国粮食产量迅速增长，玉米也不例外，年均增长率达 4.97%。同时，这一时期也是我国玉米生产最为稳定的时期。

为提高农民玉米种植的积极性，玉米临时收储价格不断上升，2015 年已经高出国际市场价。脱离市场价格的玉米临时收储价，一方面造成了农民玉米销售难，另一方面陡增了加工企业的生产成本。2016 年“中央一号”文件指出，我国要“按照市场定价、价补分离的原则，积极稳妥推进玉米收储制度改革……建立玉米生产者补贴制度”。随着新政的出台，我国玉米生产将会集中于优势产区，部分非优势产区将大量减少玉米种植，不难预测，未来我国玉米产量将会有所下降。

二、我国玉米播种面积

2004年以后是我国玉米播种面积增长最快的时期，2004年我国玉米播种面积为38168.51万亩，期间玉米播种面积年均增长率为4.03%，如图3-2所示。

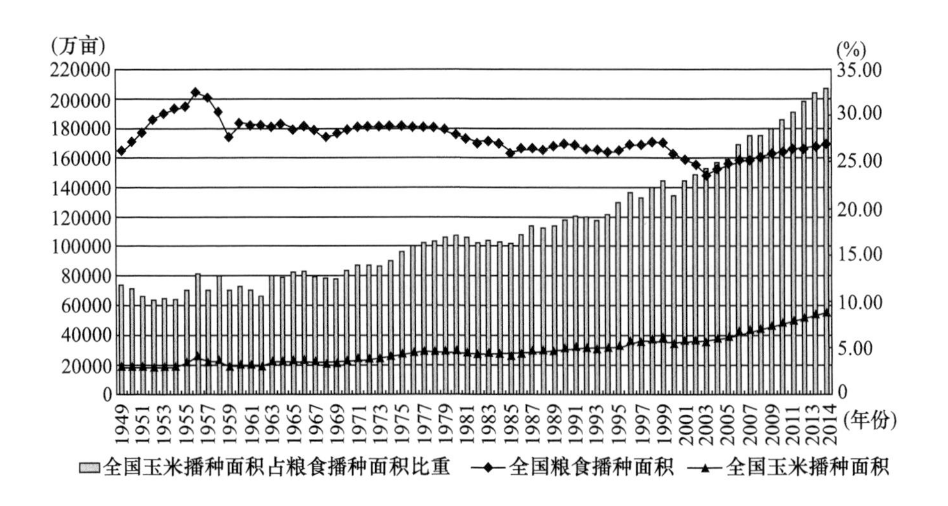

图3-2　1949~2014年我国玉米播种面积及占粮食播种面积比重

数据来源：中国种植业信息网及《中国统计年鉴2015》。

我国粮食播种面积在1949~1956年迅速增加，而后到1959年大幅下降，随后虽然有增有减，但总体看面积是减少的，而这期间玉米播种面积却是不断提高的。玉米播种面积占全国粮食播种面积的比重数据能更好地反映这一点，1949年玉米播种面积占比仅为11.75%，到2014年达到最高值32.93%。

1949年，我国玉米播种面积为19372.8万亩，2014年为55685万亩，面积是1949年的2.87倍。自新中国成立以来我国玉米播种面积最高的年份是2014年，播种面积最低的是1951年；播种面积最高的10年分别是2014年、2013年、2012年、2011年、2010年、2009年、2008年、2007年、2006年和2005年，播种面积最低的10年分别是1951年、1952年、1962年、1949年、1950年、1959年、1953年、1954年、1961年和1960年。从玉米播种面积排序数据看，播种面

积最低的年份集中在我国粮食产量较低的年景，播种面积最高的年份基本集中于最近10年。主要原因在于玉米作为重要的饲料粮，其消费属于人们对畜产品的引致消费，随着人民生活水平的提高，人们对畜产品消费增加，其引致消费随之增加。而在口粮需求还无法满足的20世纪50年代，土地更多地被用于口粮种植。

三、我国玉米单产

我国玉米单产增加的速度很快，1949年亩产玉米仅为64.1公斤，到2014年亩产玉米达387.26公斤，年均增长速度为2.80%。历史最高单产出现在2013年，为401.06公斤/亩，最低单产水平出现在1949年，为64.1公斤/亩。从年际间的增减幅度看，玉米单产波动较大，增长幅度最大的是1970年，玉米单产较1969年增长了22.05%；减产幅度最大的为1997年，当年玉米单产较1996年降低了15.68%，如图3-3所示。相对于稻谷和小麦，玉米对土地的要求不高，因此我国玉米常常集中在中低产田，有65%的面积是在干旱、半干旱地区种植（高明等，2008），受干旱影响较大，这是造成玉米年际间大幅波动的重要原因。

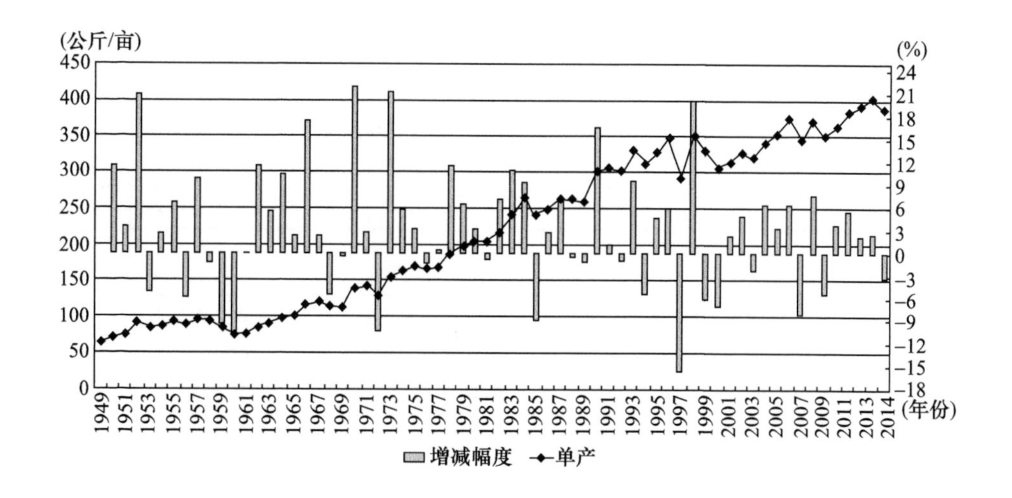

图3-3　1949~2014年我国玉米单产概况

数据来源：中国种植业信息网及《中国统计年鉴2015》。

正是由于单产水平的不断提高，玉米播种面积的不断增加，使得玉米成为我国粮食增产贡献最大的作物，2003～2012 年玉米对我国粮食增产贡献率达到 58.1%（朱晶、李天祥、林大燕、钟甫宁，2013），超过稻谷和小麦的总和。

为进一步分析单产增长和面积增加对玉米总产的贡献，此处，分别以 1949 年和 1990 年为基期，将玉米总产的变化分解为玉米单产和面积两个因素，玉米总产增长的分解结果如图 3－4 所示。若以 1949 年为基期，总的看，新中国成立以来我国玉米单产贡献率高于面积贡献率。可见，玉米单产水平的提高是我国玉米总产量不断增加的最主要原因，玉米单产水平的快速提高得益于我国玉米品种的不断更新，玉米栽培管理技术的提高。然而，近年来单产的贡献率在下降，而面积的贡献率不断上升。若以 1990 年为基期，单产贡献率下降的情形在图 3－4 中可以看得更清晰。我国玉米单产贡献率从 1991 年的 59.80% 下降到 2014 年的 27.88%，与此同时，面积贡献率不断提高，2014 年我国玉米面积贡献率达 72.12%。

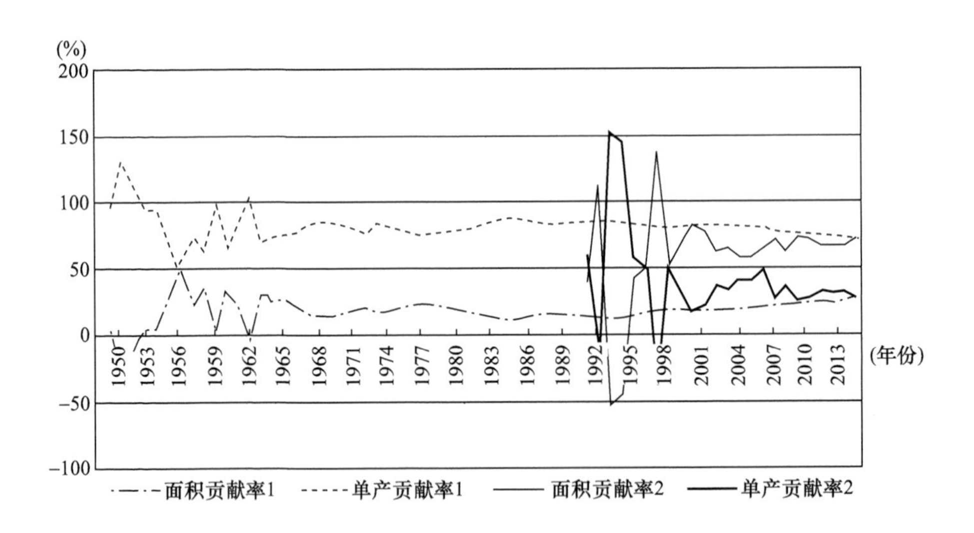

图 3－4　以 1949 年和 1990 年为基期我国玉米单产及面积贡献率

注：面积贡献率 1 和单产贡献率 1 是以 1949 年为基期进行计算的贡献率；面积贡献率 2 和单产贡献率 2 是以 1990 年为基期进行计算的贡献率。

数据来源：中国种植业信息网及《中国统计年鉴 2015》。

第二节 样本省区玉米种植概况

一、吉林省玉米种植概况

我国东北玉米带和美国中部大平原玉米带以及乌克兰玉米带合称“世界三大黄金玉米带”。本研究的样本省之一吉林省处于我国东北玉米带的核心区域，且吉林全境都位于黄金玉米带上。2014 年吉林玉米占全省农作物总播种面积的 65.83%，占全省粮食作物播种面积的 73.92%。作为我国玉米主产区之一，吉林玉米从单产、总产到播种面积在全国均位列前茅。2014 年吉林玉米亩产为 492.97 公斤，仅低于宁夏；总产为 2733.5 万吨，播种面积为 5544.90 万亩，仅次于黑龙江。1982～2008 年，吉林一直是东北玉米总产最高的省区，2009 年以后，黑龙江玉米播种面积增长较快，吉林玉米产量被黑龙江反超，两省之间的播种面积差距不断扩大，到 2014 年，黑龙江玉米播种面积较吉林高出了 2615.38 万亩。图 3－5 显示了 1949～2014 年吉林玉米产量及占东北玉米总产的比重。从整个期间看，20 世纪 70 年代之前，吉林玉米产量较为稳定；70 年代之后，玉米产量开始有较大的波动，2000 年是减产幅度最大的一年。2014 年吉林玉米产量是 1978 年的 4.70 倍，年均增长 4.39%。总产的大幅增长得益于玉米播种面积的扩大和单产水平的提高。1949 年，吉林玉米播种面积为 1447.9 万亩，2014 年这一数值增长到 5544.90 万亩。与此同时，玉米耕作栽培技术也在不断提高，玉米品种的更新速度加快。20 世纪 80 年代，吉林全省玉米杂交种应用面积达到 95%～98%，玉米品种的杂交化大大提高了玉米的单产水平（韩成伟、朱玉芹等，2006）。1990 年吉林玉米单产水平是 1981 年的 2.03 倍，与其他时期相比，20 世纪 80 年代是吉林玉米单产增长幅度最快的时期。从吉林玉米产量占东北地区玉米总产的比重看，这一比值在 20 世纪 80 年代之前变化较大，80 年代之后比较稳定，介于 30% ~50%，平均值为 41.81%。最低的为 1958 年，当年吉林玉米产量占东北三省玉米总产的 18.32%；最高的为 1988 年，吉林玉米产量在东北区总产中占比达 49.12%。

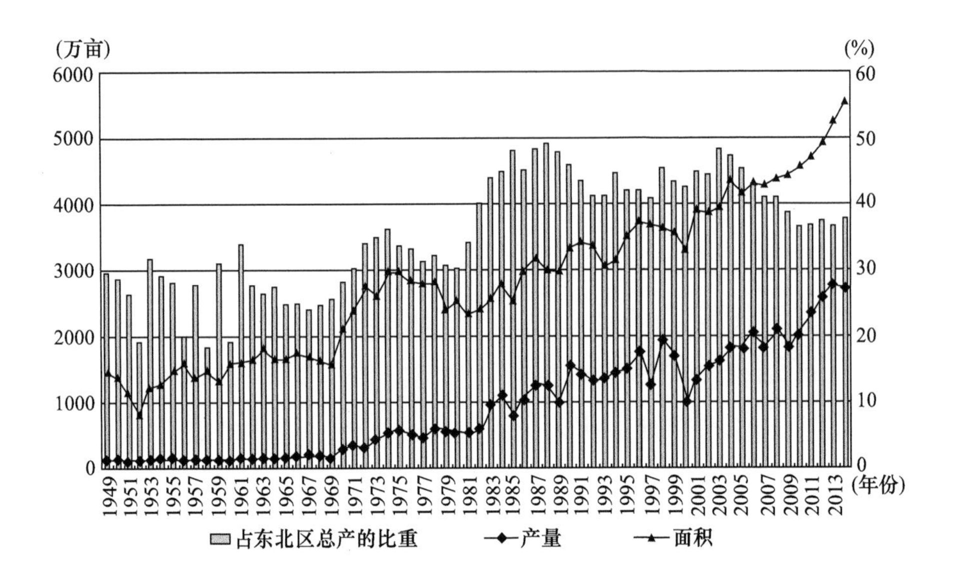

图 3－5　1949 ~2014 年吉林玉米播种面积、产量及占东北总产比重

数据来源：中国种植业信息网及《中国统计年鉴 2015》。

二、陕西省玉米种植概况

陕西、甘肃和新疆是我国西北地区的玉米主产省区，三个省区玉米产量不相上下。陕西玉米品种复杂多样。从玉米产区看，陕西部分区域属于黄淮海夏玉米产区，部分区域属于西南山地玉米区，部分地区属于北方春玉米产区，因此，陕西既有春玉米也有夏玉米种植。如图 3－6 所示，陕西玉米产量不断增长。1949 年，陕西玉米总产为 52.7 万吨，播种面积为 993 万亩，2014 年总产为 539.6 万吨，播种面积为 1730.60 万亩。从产量曲线图看，总体上是增长的，且波动不大，但从播种面积曲线看，陕西玉米播种面积波动较大。2004 年以后，随着稳

定的粮食种植收益预期，陕西玉米种植面积稳定小幅上升。陕西在西北玉米生产中的地位呈下降趋势，1949 年，陕西占西北区玉米产量的比重为 53.18%，但到 2014 年其比重下降到 27.14%，达到历史最低点，2014 年陕西玉米总产全国排名第 13 位。

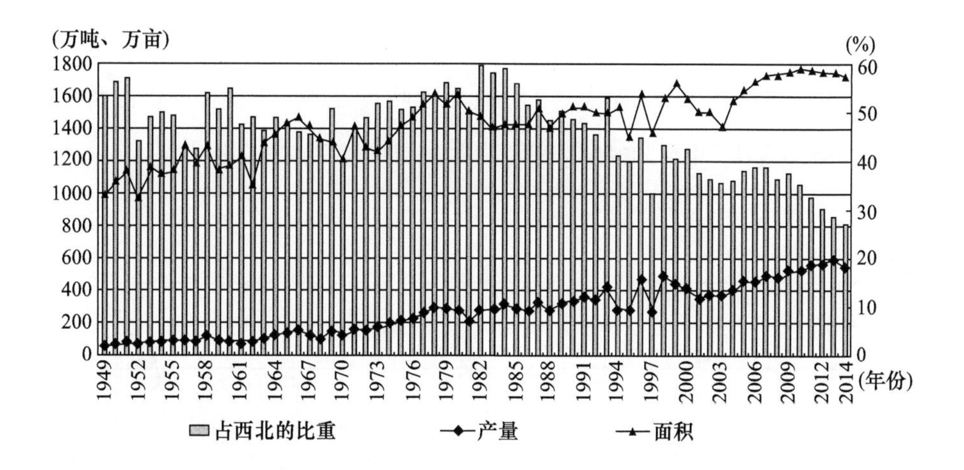

图 3－6 1949～2014 年陕西玉米播种面积、产量及占西北区总产比重

数据来源：中国种植业信息网及《中国统计年鉴 2015》。

三、甘肃省玉米种植概况

玉米在甘肃全省 14 个市（州）、80 个县区（除甘南牧区县外）均有种植。由于日照时间长、境内降水量少、蒸发量高、昼夜温差大、灌溉设施齐全、隔离条件好等独特的气候条件和地理环境，甘肃还是我国重要的玉米杂交种的制种基地，全国大田杂交玉米用种的 60% 出自甘肃。截至 2014 年，我国种业骨干企业中已有 41 家在甘肃河西走廊建立了种子生产基地或加工中心，世界排名前 5 位的跨国种业公司已有 4 家企业以不同的方式落户甘肃（梁仲科，2014）。甘肃玉米播种面积增长很快，1949 年仅为 239 万亩，2014 年上升到 1501.37 万亩，播种面积年均增长 3.41%。以 2008 年为分界点，可以将甘肃玉米面积的扩大分为两个时间段，2008 年以前，受制于干旱的影响，甘肃玉米播种面积年均增长速度为 1.72%；2008 年甘肃投入 5000 万元用于全膜双垄沟播栽培技术的推广（王恒炜，2010），甘肃玉米播种面积和产量进入快速增长时期，播种面积为 10.68%，产量以 12.82% 的年均增长率高速增长。2010 年甘肃省已成为全国 15 个千万亩以上玉米生产大省，2014 年甘肃玉米种植面积、总产量和单产均居全国第 12 位。如图 3－7 所示，甘肃玉米产量在 2008 年以前增长缓慢，2008 年以后高速增长，2014 年甘肃玉米总产为 564.5 万吨；甘肃玉米播种面积占西北区的比重随之提高，2014 年提高到 29.60%，产量占比则提高到 28.40%。

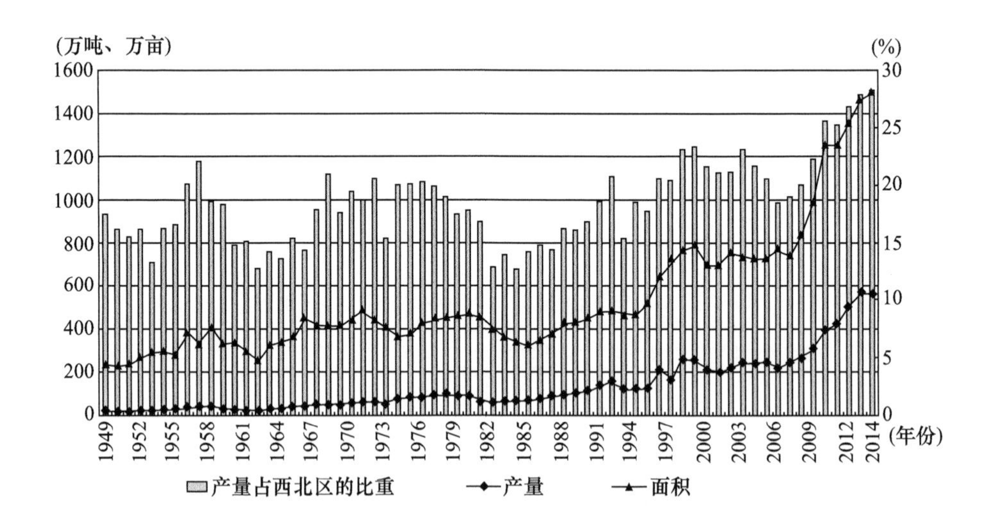

图 3－7　1949～2014 年甘肃玉米播种面积、产量及占西北区总产比重

数据来源：中国种植业信息网及《中国统计年鉴 2015》。

四、河北省玉米种植概况

河北粮食种植以小麦和玉米为主。长城以北属于一年一熟制，主要种植春玉米；长城以南区域一年两熟或两年三熟，主要种植夏玉米，且多是小麦—玉米的种植制度。河北是华北平原的重要商品粮生产基地之一，在全国玉米生产中有重

要地位。1949 年河北玉米播种面积为 1869.5 万亩，产量为 86.1 万吨，2014 年播种面积为 4756.32 万亩，产量为 1670.7 万吨，面积年均增长率为 1.42%，产量年均增长率 4.60%。2014 年河北玉米总产在全国排名第 6 位，面积排名第 5 位，单产在全国排名第 19 位，低于全国平均水平。河北玉米产量占华北区玉米总产的比重最高时为 43.81%（1970 年），最低时为 24.09%（2014 年）。如图 3－8所示，尽管总产量不断提高，但由于华北区其省区玉米产量增加较快，近年来河北在整个华北区中的地位不断下降，2014 年下降到最低点。

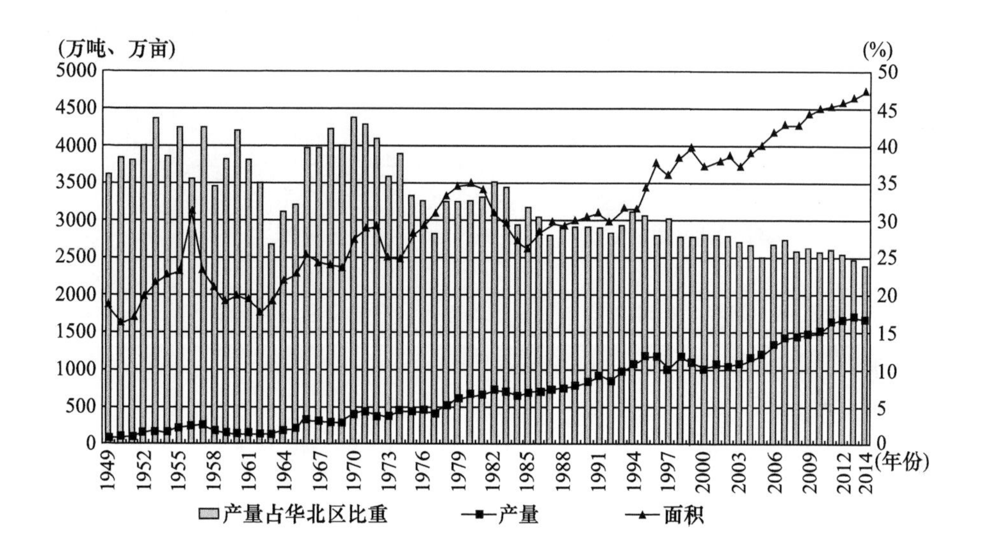

图 3－8　1949～2014 年河北玉米播种面积、产量及占华北区总产比重

数据来源：中国种植业信息网及《中国统计年鉴 2015》。

五、河南省玉米种植概况

华中区历来是我国粮食主产大区，但湖南、湖北以水稻种植为主，玉米种植很少，这样一来，河南玉米产量占华中区的比重很高，最高时曾达到 90.89%（2002 年），最低时也达到 42.49%（1961 年），平均占比水平为 74.01%，如图 3－9所示。河南主产小麦和玉米，从玉米区划看，河南全境都属于黄淮海夏玉米产区，河南玉米产量从1949年的66.5万吨增加到2014年的1732.1万吨，播种面积从1393万亩增长到4925.79万亩。2014年河南玉米总产在全国排名第5位，播种面积排名第4位，单产水平排名第18位，低于全国平均玉米单产水平。

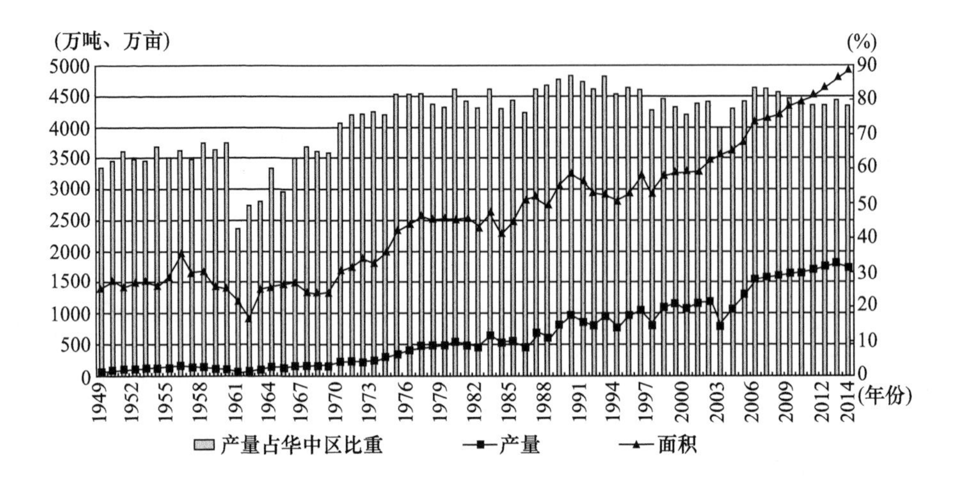

图3-9 1949~2014年河南玉米播种面积、产量及占华中区总产比重

数据来源：中国种植业信息网及《中国统计年鉴2015》。

六、山东省玉米种植概况

山东地处黄河下游，东临渤海、黄海，是中国经济最发达的省份之一，是我国重要的粮食作物产区和出口基地，主产冬小麦和夏玉米，区域内耕作制度是小麦—玉米一年两熟制。山东是我国的玉米主产区，其玉米产量占全国玉米总产的10%左右，其玉米种植面积1949年为1423.6万亩，2014年增加到4689.71万亩，相应的产量从1949年的87.9万吨提高到2014年的1988.3万吨。2014年山东玉米产量在全国排名第4位，播种面积排名第6位，单产水平排名第7位。1949年以来，山东玉米占华北区玉米总产的比重均值为35.91%，1949年占华北区的37.03%，其中最高的为1977年，占到了46.29%。近年来，其产量比重不断降低，2014年这一比值为28.67%，如图3-10所示。

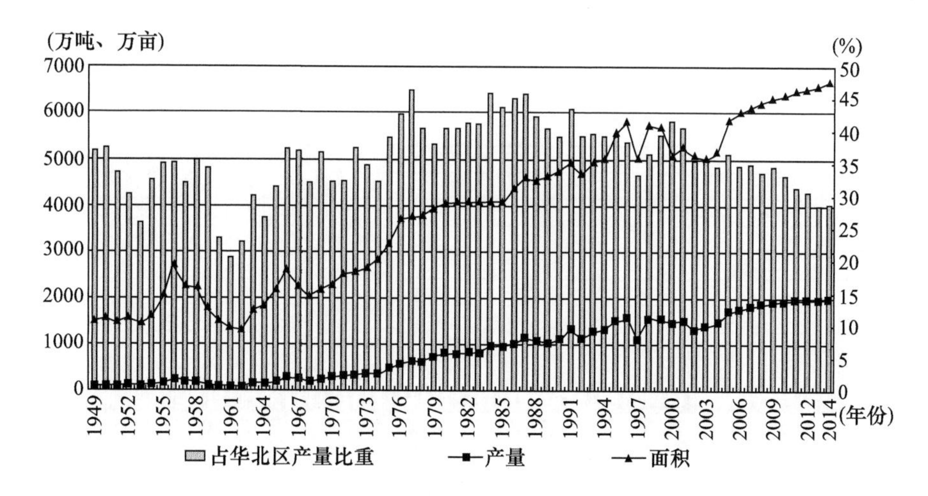

图3－10 1949～2014年山东玉米播种面积、产量及占华北区总产比重

数据来源：中国种植业信息网及《中国统计年鉴2015》。

七、安徽省玉米种植概况

安徽是我国粮食主产区，其主要粮食作物为稻谷和小麦，玉米播种面积相对较少，但玉米生产排在全国前15位的千万亩以上的玉米生产大省行列中，2014年安徽玉米产量在全国排名第14位，播种面积排名第14位，单产水平排名第15位。安徽省玉米种植区域主要分布在淮北的宿州、阜阳、亳州、淮北、蚌埠、滁州6市。1949年，安徽玉米播种面积只有238.9万亩，2014年提高到1278.60万亩；产量由14.9万吨提高到465.5万吨。从地区划分来看，安徽属于华东区，其在华东区玉米总产中的比重不断上升，1949年，这一比例仅为23.35%，2014年则达到了62.11%，如图3－11所示。

将以上样本省区玉米产量、播种面积和单产进行对比（见表3－1），其中吉林的产量、播种面积和单产水平都是最高的；安徽的产量、播种面积最低；陕西的玉米单产水平最低；山东是夏玉米单产最高的省区。总体看，以上样本7省区2014年玉米产量合计为9694.1万吨，占全国玉米总产的44.95%；播种面积为24427.28万亩，占全国的43.87%；平均单产为396.86公斤/亩，较全国平均水平略高。

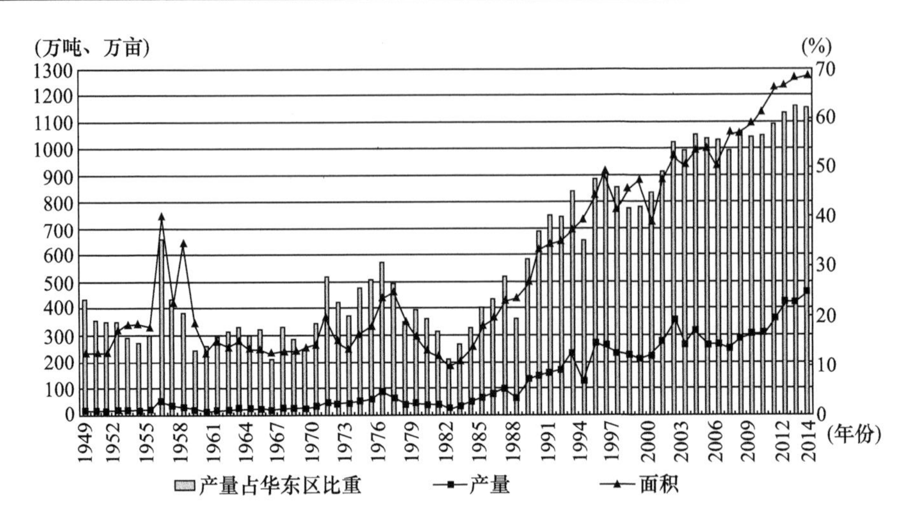

图 3－11　1949～2014 年安徽玉米播种面积、产量及占华东区总产比重

数据来源：中国种植业信息网及《中国统计年鉴 2015》。

表 3－1　2014 年样本省区玉米产量、面积及单产对比

省区	产量（万吨）		播种面积（万亩）		单产（公斤/亩）	
	数值	排名	数值	排名	数值	排名
全国	21564.6		55685		387.26	
吉林	2733.5	2	5544.90	2	492.97	2
陕西	539.6	13	1730.60	11	311.78	23
甘肃	564.5	12	1501.37	12	375.98	11
河北	1670.7	6	4756.32	5	351.26	19
河南	1732.1	5	4925.79	4	351.63	18
山东	1988.3	4	4689.71	6	423.98	7
安徽	465.5	14	1278.60	14	364.07	15

数据来源：中国种植业信息网及《中国统计年鉴 2015》。

第三节　本章小结

自新中国成立以来，我国玉米播种面积、单产和产量都不断攀升。2014 年我国玉米单产是 1949 年的 6.04 倍，年均增长速度为 2.80%；播种面积是 1949 年的 2.87 倍。由于单产水平的不断提高，玉米播种面积的不断增加，使得玉米成为对我国粮食增产贡献最大的作物。

本书微观调研数据来自吉林、陕西、甘肃、河北、河南、山东和安徽 7 省区，这些省玉米种植面积占所属区域的比重较高。吉林是典型的北方春玉米产区，从单产、总产到播种面积在全国均位列前茅。20 世纪 80 年代之后吉林玉米占东北区的比重比较稳定，介于 30% ~50%。陕西玉米品种复杂多样，既有春玉米也有夏玉米种植。陕西和甘肃的玉米生产在西北区中有重要地位。近年来，陕西玉米生产地位下降，而甘肃地位上升。陕西占西北区玉米产量的比重从 1949 的 53.18%，下降到 2014 年的 27.14%。甘肃玉米产量在 2008 年以前增长缓慢，2008 年甘肃大力推广全膜双垄沟播技术，随后，甘肃玉米播种面积和产量进入快速增长时期，在西北区玉米种植中的地位也随之提高，到 2014 年甘肃玉米播种面积和产量在西北区的占比都提高到近 30%。河北与山东属于我国重要的粮食主产区，都位于华北平原。山东玉米产量占全国玉米总产的 10% 左右，占华北区玉米总产的比重均值为 35.91%。2014 年河北玉米总产在全国排名第 6 位，面积排名第 5 位。尽管总产量不断提高，但由于华北区其他省区玉米产量增加较快，近年来河北在整个华北区中的地位不断下降。河南主产小麦和玉米，河南玉米产量占华中区的比重很高，平均占比水平为 74.01%。2014 年河南玉米总产在全国排名第 5 位，播种面积排名第 4 位，单产水平排名第 18 位，低于全国平均玉米单产水平。华东地区的安徽也是粮食大省，在全国玉米总播种面积中，其占比较低，但它占华东区的 61.37%。

第四章　我国玉米生产布局变迁及比较优势

第一节　从七大区域来看我国玉米生产布局变迁

虽然我国所有的省、自治区、直辖市都种植玉米，但玉米生产布局很不平衡。将七大区域玉米播种面积划分为 5 个等级：面积最大；面积较大；面积中等；面积较少；面积最小。新中国成立之初，东北（包括黑龙江、吉林和辽宁三省）和华北（包括北京、天津、河北、山西、山东和内蒙古）是玉米总播种面积最大的两个区域，然后依次为西南（包括四川、重庆、云南、贵州和西藏）、华中（包括湖南、湖北和河南）、西北（包括陕西、甘肃、宁夏、青海和新疆）和华东（包括上海、江苏、浙江、安徽和江西），最后为华南（包括广东、广西、福建、海南）。1980 年，西北玉米种植面积扩大到与华中地区相当。近 30 多年来，华中区玉米种植面积不断扩大，2014 年，华中玉米种植面积与西南区相当，七大区域玉米种植面积的排序为：东北和华北、西南和华中、西北、华东、华南。

1949 年全国玉米单产为 64. 10 公斤/亩，东北和西南高于全国平均水平，其

他 5 个区域均低于全国平均水平；1980 年全国玉米单产为 205. 05 公斤/亩，七大区域玉米单产水平从高到低排序为：东北 > 华北 > 西南 > 华东 > 华中 > 西北 > 华南；2014 年东北、华北和西北玉米单产高于全国平均水平，单产水平最高的东北玉米单产为 421. 35 公斤/亩，单产最低的华南玉米单产为 298. 98 公斤/亩。1949 年，对我国玉米总产从高到低排序的结果是：东北 > 西南 > 华北 > 华中 > 西北和华东 > 华南；1980 年，我国七大区域玉米总产排序为：华北 > 东北 > 西南 > 华中 > 西北 > 华东 > 华南；2014 年，七大区域排序演变为：东北 > 华北 > 华中 > 西南 > 西北 > 华东 > 华南。总体看，东北玉米播种面积、单产和总产都位居前列，而华南不论播种面积还是单产都处于末位。

以上从玉米播种面积和总产的绝对数值进行七大区域之间的对比，下面从玉米播种面积的相对数值进行分析。

全国玉米生产主要集中在东北、华北两大区域，如图 4 –1 所示，2014 年这两大区域玉米播种面积占全国玉米总播种面积的 62. 24% ，产量占全国玉米总产

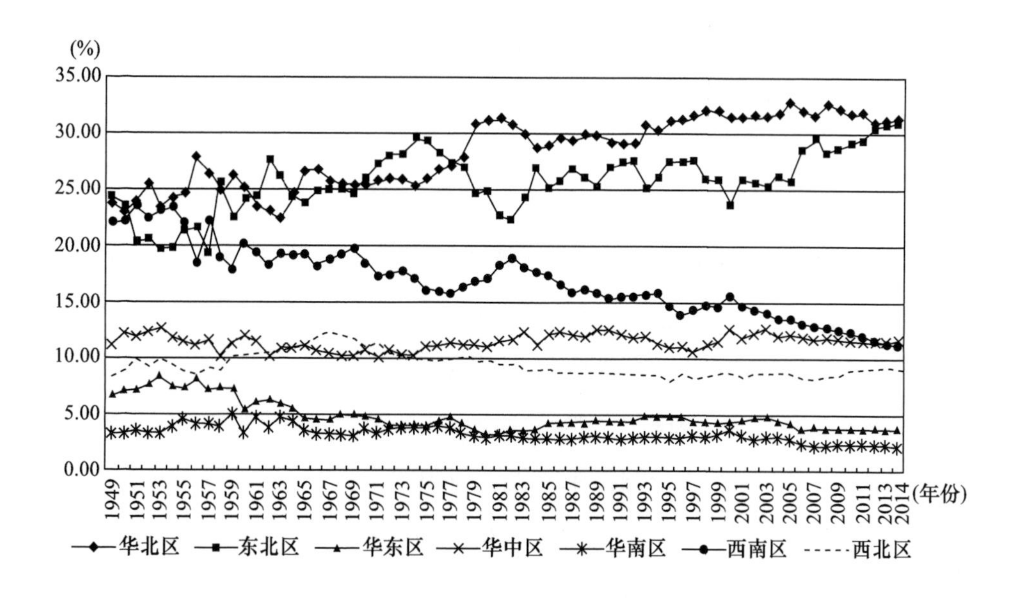

图 4 –1　1949 ~2014 年我国七大区域玉米种植面积占比

数据来源：中国种植业信息网及《中国统计年鉴 2015》。

的比重达到了65.8%。东北一直是我国玉米主产区，1949年东北面积占比为24.46%，产量占比为32.5%；2014年面积占比为30.89%，产量占比为33.6%。总体看，东北在我国玉米生产中的地位是不断提升的。华北区面积占比由1949年的23.79%提高到2014年的31.35%，产量占比则由1949年的19.12%提高到2014年的32.16%，是玉米产量增长最快的一个区域。相反，西南区则由新中国成立之初的玉米主产区演变为玉米主销区，1949年西南区面积占比与东北区和华北区的面积占比相差无几，但随着时间的推移，2014年西南区的面积占比仅为11.22%，达到历史的最低点。其他四个区域中，华中区玉米播种面积比重排第4位，然后是西北区、华东区和华南区。除华东区外，西北区、华南区和华中区在我国玉米生产布局中变化不大。华东区玉米面积占比由1949年的6.74%下降到2014年的3.74%。总体看，新中国成立之初我国玉米生产布局表现为华北区、东北区和西南区“三分天下”的格局，目前，我国玉米生产布局则表现为华北区和东北区“两足鼎立”的局面，说明我国玉米生产较新中国成立之初更为集中。

第二节　从主产区角度来看我国玉米生产布局变迁

从粮食主产区的角度看我国玉米生产布局，我国13个粮食主产区（包括：黑龙江、吉林、辽宁、河北、内蒙古、山东、河南、江苏、安徽、湖北、江西、湖南以及四川）1949年玉米总播种面积为13711.1万亩，占全国玉米总播种面积的70.78%，总产量为866.7万吨，占全国玉米总产的69.79%；2014年，总面积为42161.78万亩，占全国玉米总播种面积比重上升到75.71%，总产量为16775.44万吨，占全国玉米总产比重为77.79%。

从5个最主要的玉米主产省区（按2014年玉米播种面积排名）看，1949年黑龙江、吉林、内蒙古、河南、河北玉米总播种面积为7318.4万亩，占全国总播种面积的比重为37.78%；2014年，这5个省区玉米播种面积为28445.57万

亩，相应地占全国玉米总播种面积的比重达到了51.08%。

若将玉米播种面积超过1000万亩的省区作为玉米主产省区，这些省区包括黑龙江、吉林、内蒙古、河南、河北、山东、辽宁、山西、云南、四川、陕西、甘肃、新疆、安徽和贵州15个省区。这15个省区1949年玉米播种面积为16458.5万亩，占全国玉米总播种面积的84.96%；2014年玉米播种面积达50563.48万亩，占全国玉米总播种面积的90.80%，如图4－2所示。

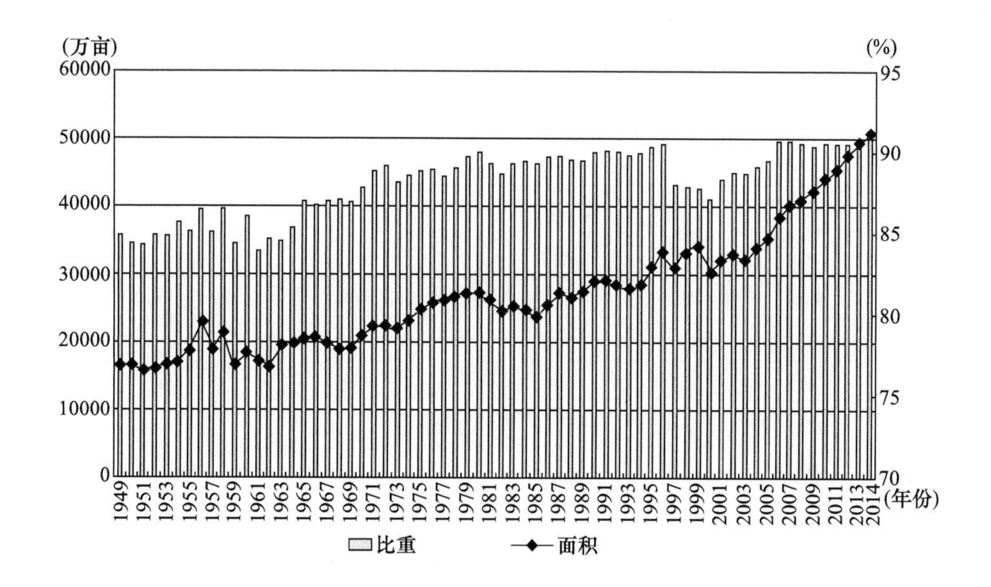

图4－2　1949～2014年玉米主产省区（15个省区）玉米总播种面积及其占比

数据来源：根据中国种植业信息网及《中国统计年鉴2015》数据整理。

第三节　从主要省区种植面积来看我国玉米生产布局变迁

从1949年、1980年和2014年我国各省区玉米生产动态图看，新中国成立之初，我国玉米种植大省比较分散，播种面积最大的省区分别是东北的黑龙江，华北的河北以及西南的四川；1980 年，我国玉米种植大省依旧分散在东北、华北和西南，不过，这些种植大省变为黑龙江、吉林、河北、山东、河南和四川；2014 年，我国玉米种植大省集中于东北和华北两大区域，如表 4－1 所示。

表 4－1　1949 年、1980 年和 2014 年我国各省（市、区）玉米种植面积情况

种植面积级别	1949 年	1980 年	2014 年
Ⅰ级	黑龙江、河北、四川	黑龙江、吉林、河北、山东、河南、四川	黑龙江、吉林、内蒙古、河北、山东、河南
Ⅱ级	吉林、辽宁、山东、河南、陕西、贵州、云南	辽宁、陕西、云南	辽宁、山西、四川、云南
Ⅲ级	山西、江苏、湖北、广西	新疆、内蒙古、贵州、广西、陕西	新疆、甘肃、陕西、安徽
Ⅳ级	新疆、甘肃、内蒙古、湖南、安徽、浙江	甘肃、湖南、湖北、安徽、江苏	重庆、湖北、湖南、广西、江苏、宁夏
Ⅴ级	福建、江西、广东、青海、西藏、宁夏、海南、上海、天津	福建、江西、广东、青海、西藏、宁夏、海南、浙江、上海、天津	青海、西藏、广东、江西、福建、浙江、上海、天津、海南

注：对Ⅰ级、Ⅱ级、Ⅲ级、Ⅳ级和Ⅴ级面积的界定如图 4－3 所示。

新中国成立之初，华北区玉米播种面积最大的省是山东和河北，1949 年这两个省的玉米播种面积相对华北区的占比分别为 30.89% 和 40.57%，产量占比分别为 37.03% 和 36.27%。近年来，内蒙古玉米播种面积不断扩大，成为我国继黑龙江和吉林之后的第三大玉米主产区。2014 年内蒙古的玉米播种面积达到了 5058.27 万亩，是 1949 年的 14.76 倍。随着内蒙古玉米播种面积的不断扩大，华北区玉米生产格局演变为由山东、河南和内蒙古三省区为主导。2014 年山东、河南和内蒙古三省区的玉米播种面积占华北区的比重为 26.87%、27.25% 和 28.98%，内蒙古成为华北区玉米播种面积最大的省份。

四川是西南区玉米种植面积最大的省区，也曾是我国玉米生产的重要区域。

1949 年四川玉米播种面积为 2041 万亩，占全国玉米总播种面积的 10.54%，居全国第 2 位。2014 年四川玉米播种面积为 2071.8 万亩（重庆的数据从四川中剥离），播种面积虽较 1949 年更多一些，但相对于其他省区玉米播种面积并不高，只占全国玉米总播种面积的 3.72%。云南玉米播种面积增长较快，1949 年为 1257.5 万亩，占西南区的 29.34%，2014 年播种面积增加到 2288.55 万亩，再加上重庆成为直辖市的影响，云南成为西南区面积最大的省份。

东北三省的玉米播种面积和产量一直都比较高，从 1949 年至今，东北三省玉米产量排名我国第一的年数达 49 年，如表 4－2 所示。具体看，1949～1981 年，黑龙江是东北区中玉米播种面积最高的省份，1982～2005 年的绝大多数年份，吉林反超黑龙江成为东北区玉米播种面积最高的省份，2006 年以后，黑龙江玉米播种面积又超过吉林。从产量来看，1982～2008 年，吉林都超过黑龙江，是东北区玉米产量最高的省份，其余多数年份，吉林玉米产量较黑龙江高。

华东区玉米播种面积较少，且在全国玉米生产中的地位不断降低。历史上，江苏曾是华东区最大的玉米种植区域，但随着安徽玉米播种面积的扩大，1993 年以后，安徽取代江苏，成为华东区玉米种植面积最大的省份，2014 年安徽玉米播种面积占华东区的比重达到了 61.37%。

华中区历来都是我国的粮食生产大区，但湖南和湖北主产稻谷，于是河南就成为华中区玉米播种面积最大的省份，且所占比重不断提高。1949 年河南玉米播种面积占华中区玉米总播种面积的比重为 64.16%，2014 年比重上升到 76.87%。

表 4－2　1949～2014 年全国玉米产量排名前 3 位的省区及其频率

产量排名第 1 位	省区	河北	黑龙江	吉林	辽宁	山东				
	次数	3	27	19	3	14				
	频率	4.55	40.91	28.79	4.55	21.21				
产量排名第 2 位	省区	河北	河南	黑龙江	吉林	辽宁	山东	四川		
	次数	11	1	4	15	8	20	7		
	频率	16.67	1.52	6.06	22.73	12.12	30.30	10.61		

续表

产量排名第3位	省区	河北	河南	黑龙江	吉林	辽宁	内蒙古	山东	四川	云南
	次数	19	7	11	6	6	2	8	6	1
	频率	28.79	10.61	16.67	9.09	9.09	3.03	12.12	9.09	1.52

数据来源：根据中国种植业信息网及《中国统计年鉴2015》数据整理。

华南区是我国玉米播种面积最小的区域，广西占绝大比例。新中国成立之初，广西玉米播种面积占华南区的92.53%，近年来，广西玉米播种面积虽有提高，但由于广东玉米播种面积的扩大，广西在整个华南区玉米播种面积的比例反而下降了，2014年广西玉米播种面积占华南区的比例下降到72.03%。

陕西、甘肃和新疆是西北区的玉米主产省。1949年陕西玉米播种面积为993万亩，是西北区玉米播种面积的60.98%。近年来，甘肃玉米播种面积扩大较快，2014年甘肃玉米播种面积已经达到了1501.37万亩，和陕西相差不大。目前，西北玉米生产演变为陕西、甘肃和新疆“三足鼎立”的格局。2014年，三省占西北区玉米播种面积的比重分别为：34.12%、29.60%和26.94%。

全国玉米产量较大的省区表4－2中有所体现。表4－2将1949～2014年我国玉米产量排名前3位的省区进行了罗列。在全国产量排名中，河北、黑龙江、吉林、辽宁和山东都曾占据最高产量的位置，2014年这5个省区的玉米产量占全国玉米总产的比重达50.57%；河北、河南、黑龙江、吉林、辽宁、山东和四川都曾占据我国玉米产量排名第二的位置，2014年这7省的玉米产量占全国玉米总产的62.09%；河北、河南、黑龙江、吉林、辽宁、山东、四川、内蒙古和云南9省区曾占据我国玉米产量排名第三的位置，2014年，这9省的玉米产量占全国玉米总产的75.67%。

从玉米生产的三个时期看，如图4－3所示，以上9省区在不同时期全国玉米生产中的地位有所变化。具体来说，在以上9省区中，四川和云南曾经是玉米生产大省，近年来占全国玉米产量的比重呈下降趋势；辽宁也是我国玉米主产区，但相对地位却有所下降；黑龙江历来是我国玉米主产区，近年来其地位进一

步上升；河北在我国玉米生产大省中的地位相对比较稳定；河南、吉林和山东在改革开放以后其地位明显上升；内蒙古是近年成长起来的玉米主产区。

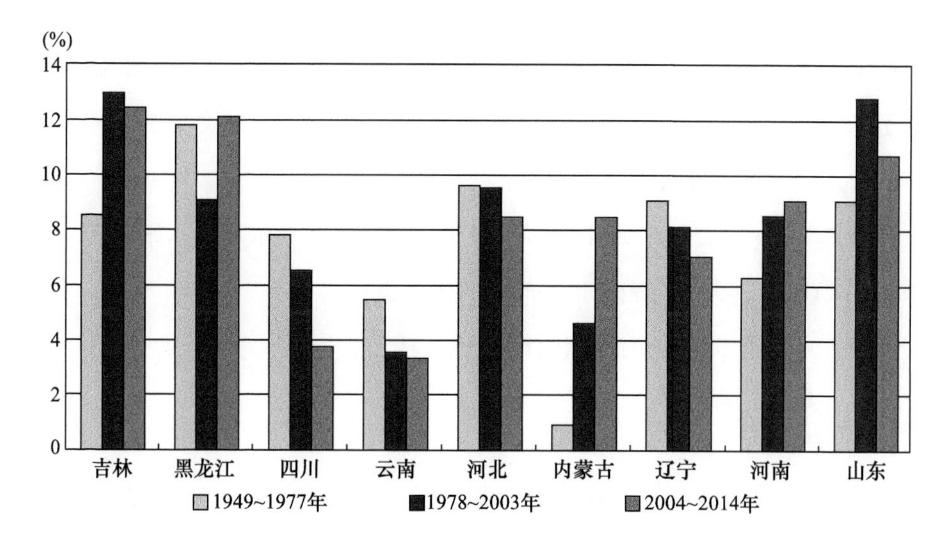

图4-3 1949~2014年玉米产量排名前3位的九省占全国产量的比重（分时期）

数据来源：根据中国种植业信息网及《中国统计年鉴2015》数据整理。

第四节 比较优势与生产布局变迁

一、玉米种植比较优势的测度

根据李嘉图的比较优势理论，农产品的区域分工应当遵循比较优势的原理，即两个相比较的地区，无论其在农产品生产上处于绝对优势或绝对劣势，都应该种植其具有相对优势的农作物。例如，A地区的小麦和玉米单产都低于B地区，相对而言，A地区的玉米较小麦略有优势，则在地域分工中，地区A应当种植玉米，地区B应当种植小麦。

根据这一思想，可以构造如下公式测度玉米种植的效率优势（Carter等，

1991）：

$$EAI_{cij}=\frac{ay_{cij}/ay_{gij}}{ay_{ci}/ay_{gi}} \tag{4-1}$$

EAI_{cij}为地区 j 在 i 年度的玉米种植的生产效率优势指数；ay_{cij}为地区 j 在 i 年度的玉米单产；ay_{gij}为地区 j 在 i 年度的粮食单产；ay_{ci}为 i 年度全国平均的玉米单产，ay_{gi}为 i 年度全国平均粮食单产。

根据式（4－1），如果 EAI_{cij}值大于 1，表明地区 j 玉米单产水平高于全国平均水平；EAI_{cij}值越大，代表玉米生产效率优势越高。

同理，可构造玉米种植的规模优势指数：

$$SI_{cij}=\frac{gs_{cij}/gs_{gij}}{gs_{ci}/gs_{gi}} \tag{4-2}$$

其中，SI_{cij}为地区 j 在 i 年度的玉米种植的规模优势指数；gs_{cij}为地区 j 在 i 年度的玉米播种面积；gs_{gij}为地区 j 在 i 年度的粮食播种面积；gs_{ci}为 i 年度全国玉米的总播种面积；gs_{gi}为 i 年度全国粮食播种总面积。

式（4－2）表明，SI_{cij}值越大，表明与全国平均水平相比，地区 j 玉米种植的专业化程度越高；SI_{cij}值越小，则地区 j 玉米种植的专业化程度越低；SI_{cij}大于 1，表明地区 j 玉米专业化程度高于全国平均水平。

为使比较优势的分析简单明了，本部分将 2010～2014 年玉米播种面积平均值超过 500 万亩的省区作为分析对象，依次分别为：黑龙江、吉林、河南、河北、山东、内蒙古、辽宁、山西、云南、四川、陕西、甘肃、安徽、新疆、贵州、湖北、广西、重庆和江苏。

二、秩相关系数

对于一对数据序列之间是否存在相关性或者关联性，判断的方法有很多种，常用的方法有皮尔逊相关系数分析法、Spearman 相关系数分析法。由于皮尔逊相关系数法要求数据必须符合正态分布，而 Spearman 相关系数分析法则无此要求，因此在分析农产品效率优势与规模优势匹配度上可以选用 Spearman 秩相关系数。

$$R_{spearman} = 1 - \frac{6\sum_{1}^{n} di^2}{n(n^2 - 1)} \tag{4-3}$$

通过秩相关系数判断农户生产是否遵循了效率优势的原理在于，如果一个地区在某种农作物生产上具有效率优势，那么该地区的该种农作物种植在理论上应当具有规模优势。那么，每个地区的规模优势排名与其效率优势在全国的排名应当是一致的，如果完全符合这一要求，那么秩相关系数的值为1。如果完全不符合，即效率优势最高的地区该种农作物的种植其规模优势最低，则秩相关系数值为-1。如果秩相关系数界于-1~1，要判断某种农作物的种植规模是否遵循了效率优势，可以通过查询秩相关系数临界值表判断。

三、实证分析

整个期间不具有规模优势的省区是江苏、安徽、湖北、广西、重庆和四川（见图4-4），其他省区要么是在1949~2014年，要么在2010~2014年，规模优势指数平均值大于或等于1，即表明具有规模优势。从图4-4看，吉林和辽宁是

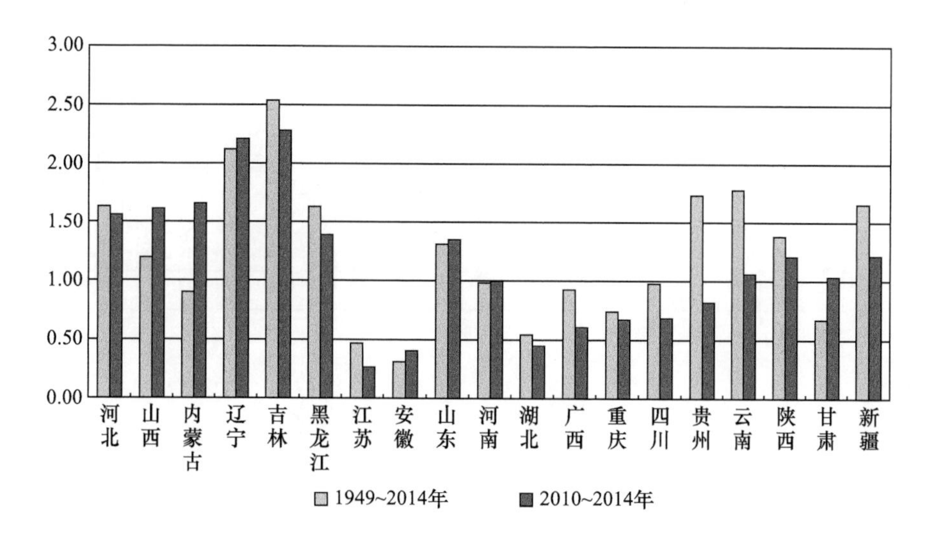

图4-4 主要省区玉米规模优势指数平均值

数据来源：中国种植业信息网及《中国统计年鉴2014》，其中重庆的数据取1997~2014年的平均值。

规模优势最高的省区，山西、内蒙古和甘肃是规模优势提升最高的省区。近几年规模优势得到提升的省区有山西、内蒙古、辽宁、安徽和甘肃，规模优势指数下降的省区有吉林、黑龙江、江苏、广西、四川、贵州、云南、陕西和新疆，另外，河北、山东、河南、湖北、重庆规模优势指数变化不大。

从新中国成立至2014年各省区玉米效率优势指数的平均值看（见图4－5），河北、山西、内蒙古、辽宁、吉林、黑龙江、山东、河南、陕西、甘肃和新疆等11个省区都具有效率优势，然而2010～2014年玉米效率优势指数平均值大于1的省区仅包括山西、内蒙古、黑龙江、贵州、云南、陕西和甘肃7省区，表明近年来多数省区玉米生产不具有效率优势。整个期间都不具有效率优势的省区包括江苏、安徽、湖北、广西、重庆和四川。近年来，效率优势指数得到提高的省区包括湖北、广西、四川、贵州和云南，而效率优势提数降低的省区包括河北、山西、内蒙古、辽宁、吉林、黑龙江、江苏、山东、河南、甘肃和新疆，安徽、重庆两省玉米效率优势指数变化不大。

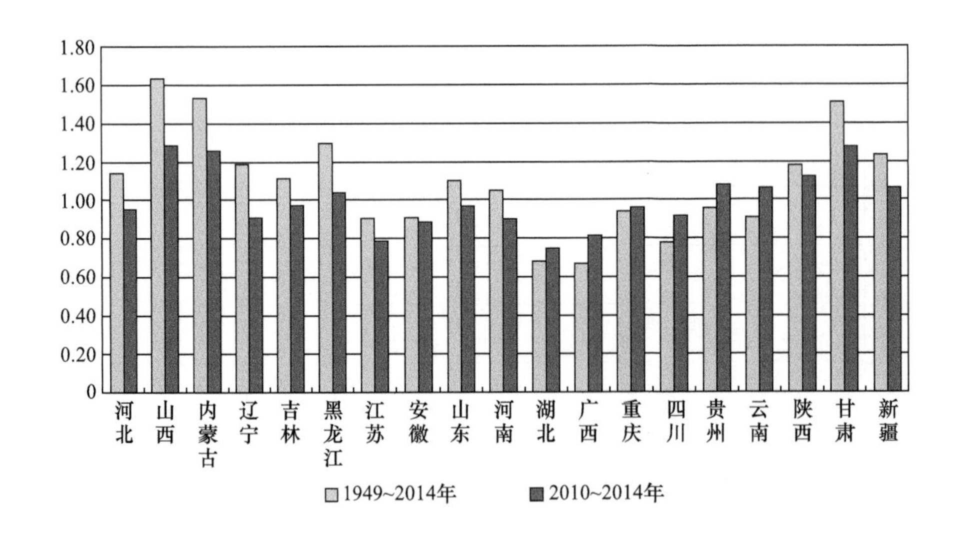

图4－5　主要省区玉米效率优势指数平均值

数据来源：根据中国种植业信息网及《中国统计年鉴2014》数据计算所得。

从综合优势指数来看，1949～2014年具有综合优势的省区从高到低依次包括吉林、辽宁、黑龙江、新疆、山西、河北、贵州、陕西、云南、山东、内蒙古、河南和甘肃。2010～2014年具有综合优势的省区减少，只包括山西、甘肃、内蒙古、陕西、贵州、云南、新疆和黑龙江。

从1949～2014年我国玉米平均规模优势指数和平均效率优势指数看，多数省份是重合的，说明总体上我国具有效率优势的省区也具有规模优势，如图4－6所示。而从秩相关系数看，1949～2014年平均秩相关系数为0.536，如果分为六个时期考察玉米的秩相关系数，这六个时期分别为0.493、0.423、0.461、0.541、0.564、0.670。在置信度（双侧）为0.05时，效率优势指数与规模优势指数的相关性显著。从经济学角度看，说明我国玉米生产布局在一定程度上遵循了效率优势。

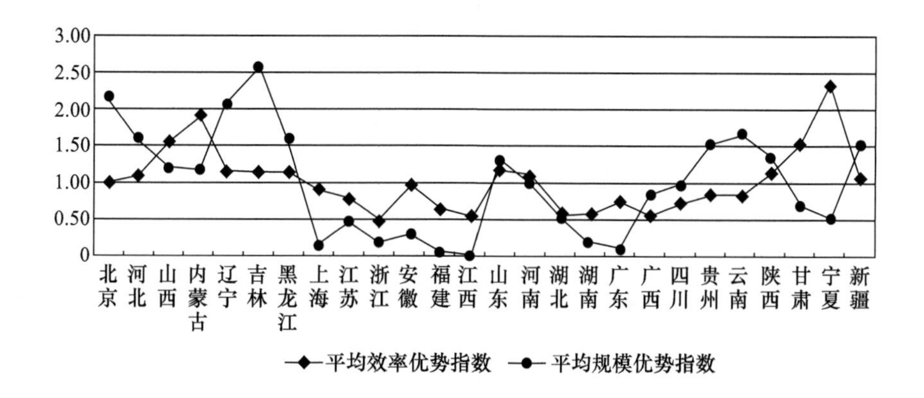

图4－6 1949～2014年玉米平均效率优势指数与平均规模优势指数

数据来源：根据中国种植业信息网及《中国统计年鉴2014》数据计算所得。

第五节 本章小结

新中国成立以来，我国玉米生产布局更为集中，新中国成立之初，我国玉米生产布局表现为华北区、东北区和西南区“三分天下”的格局，目前，我国玉米生产布局则表现为华北区和东北区“两足鼎立”的局面。主要省区在全国玉米生产中的地位亦有所变化，四川和云南曾经是玉米生产大省，近年来占全国玉米产量的比重呈下降趋势；黑龙江历来是我国玉米主产区，近年来其地位进一步上升；河北、吉林、山东和辽宁在我国玉米生产大省中的相对地位比较稳定；河南在我国玉米生产格局中的地位略有上升；内蒙古则是近年成长起来的玉米“新贵”。

分析玉米生产大省的比较优势指数可以发现，黑龙江、吉林、河南、河北、山东、内蒙古、辽宁、山西、云南、陕西、甘肃、新疆和贵州玉米生产的规模优势指数大于1，河北、山西、内蒙古、辽宁、吉林、黑龙江、山东、河南、陕西、甘肃和新疆玉米生产的效率优势指数大于1。秩相关系数的分析表明，总体看，我国玉米生产布局遵循了比较优势。

第五章　我国玉米品种更新及采用分析

玉米产量的快速增长离不开品种的更新和农户对新品种的采用。研究表明，1985～1994 年我国玉米增产的科技贡献中，品种改良占 35.5%（吴永常、马忠玉等，1998）。本章首先就 20 世纪 80 年代以来我国玉米品种的更新进行分析；其次总结我国玉米主导品种的推送体系；最后结合微观调研数据分析样本农户玉米品种的采用情况。

第一节　我国玉米品种更新

我国玉米品种的更新可以划分为几个较为清晰的阶段：第一阶段是 20 世纪 50 年代的农家品种阶段；第二阶段是 20 世纪 60 年代的三杂交、双杂交阶段；第三阶段是 20 世纪 70 年代至今的单杂交阶段（李少昆、王崇桃，2009）。下面主要结合全国农业技术推广服务中心 1982～2012 年统计的有关数据分析近 30 年来我国主要玉米品种的更新情况。

全国农业技术推广服务中心统计了 1982～2012 年我国推广面积超过 10 万亩的玉米品种。根据这些数据，可以加总出每年的玉米品种数。我国玉米品种数不断增加，从 1982 年的 137 种，增加到 2012 年的 843 种，31 年间品种数累积近

3000种，如图5-1所示。品种数量的急剧增加体现了玉米育种业的商业化程度的提高，看起来“百花齐放”，但显露了玉米种业市场的多、杂、乱的问题，且真正具有突破性的良种不多。造成农户认知混乱，品种分散。统计1982年以来前5个推广面积最大的玉米品种占全国玉米总播种面积的比重，从1982年的25.38%上升到1991年的40.45%，又下降到2012年的28.90%。总体看，品种的集中度呈下降趋势，说明目前国内玉米品种的广适性、高产稳产性还需要进一步提高（赵久然，2011）。

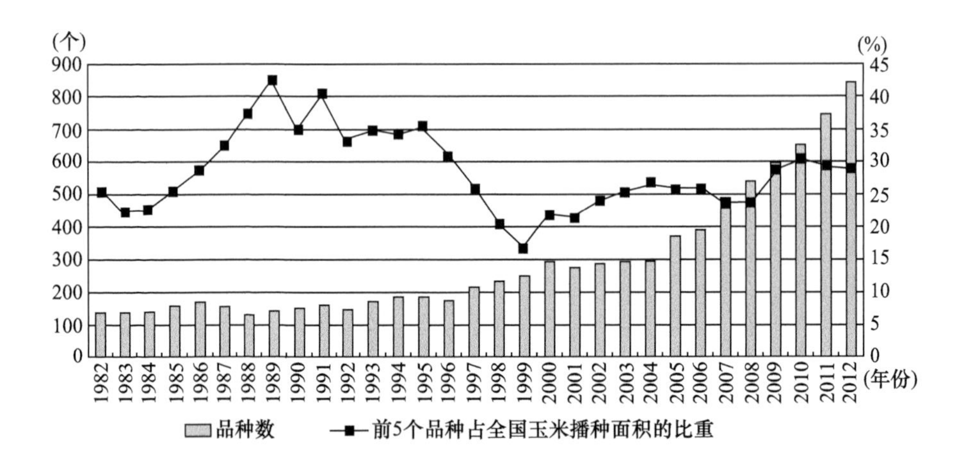

图5-1　1982~2012年推广面积较大的玉米品种数以及前5个品种的市场集中度

数据来源：根据全国农业技术推广服务中心的数据进行整理。

图5-2反映了1982~2012年我国推广面积最大的玉米品种及其面积。1982~1986年，中单2作为我国推广面积最大的品种，种植面积一度达到全国玉米总播种面积的11.17%。1987~1994年，推广面积最大的玉米品种是丹玉13号，推广面积最高时占全国玉米总播种面积的17.20%；掖单13在1995~1999年是我国推广面积最大的品种，但推广面积最高时只占全国的9.94%；随后2000~2003年，第1名的位置由农大108占据；随着郑单958的问世，很快占据了国内推广面积最广的地位，2004~2012年，郑单958遥遥领先于其他品种，市

场占有率最高时为2009年，达14.56%，当年推广面积为6810万亩。

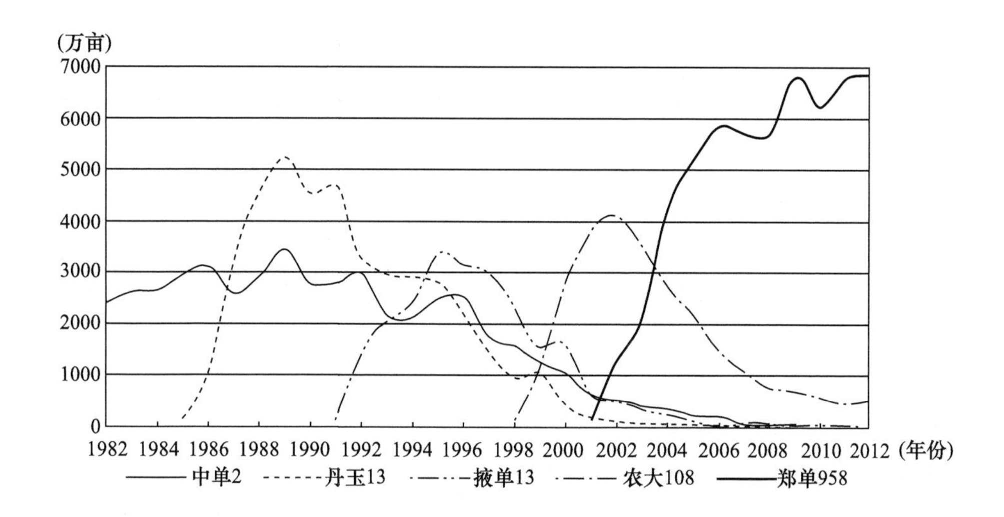

图5－2　1982～2012年我国推广面积最大的玉米品种及其面积

数据来源：根据全国农业技术推广服务中心的数据进行整理。

具体看，每个品种都有一定的生命周期，都经历了推广面积的快速增长然后又逐步缩减的过程。1986年，丹玉13推广面积只有1061万亩，但到1987年，其推广面积已经达3374万亩，成为当年国内推广面积最大的玉米品种。随后，推广面积继续扩大，1989年达到顶峰，推广面积达5251万亩。1990年以后，丹玉13推广面积开始逐步缩减，到1994年其推广面积下降到2891万亩。在丹玉13占据国内推广面积第1的同时，中单2基本上处于第2的位置。1993年掖单13开始进入国内推广面积前5名，位列第4，1994年位列第2，1995年成为国内推广面积最大的玉米品种，推广面积为3397万亩，随后其推广面积又开始缩减，到1999年，其推广面积只有1534万亩，当年农大108推广面积为1175万亩，位列五大玉米品种的第5，但到2000年，农大108即夺得魁首，随后的4年，农大108一直是国内推广面积最大的玉米品种，面积最高时达4099万亩。2002年达到顶峰后，其推广面积也开始减少，2003年下降为3513万亩，但仍处于第1名，

2004 年下降为 2720 万亩，位居第 2。郑单 958 于 2000 年通过国家审定，被农民称为“懒玉米”，较好地协调了高产与稳产的关系，适应性广，综合抗病性好（佟屏亚，2010）。2001 年，郑单 958 推广面积仅为 143 万亩，2004 年即成为国内推广面积最大的玉米品种，2012 年其推广面积达 6854 万亩，如表 5－1 所示。

表 5－1　1982～2012 年我国推广面积最大的五个玉米品种及玉米单产均值

<table>
<tr><th>年份</th><th>第 1</th><th>第 2</th><th>第 3</th><th>第 4</th><th>第 5</th><th>我国玉米平均单产（公斤/亩）</th></tr>
<tr><td>1982</td><td>中单 2</td><td>丹玉 6</td><td>郑单 2</td><td>鲁原单 4</td><td>吉单 101</td><td rowspan="5">242.16</td></tr>
<tr><td>1983</td><td>中单 2</td><td>郑单 2</td><td>鲁原单 4</td><td>京杂 6</td><td>丹玉 6</td></tr>
<tr><td>1984</td><td>中单 2</td><td>四单 8</td><td>吉单 101</td><td>丹玉 6</td><td>郑单 2</td></tr>
<tr><td>1985</td><td>中单 2</td><td>中单 8</td><td>烟单 14</td><td>吉单 101</td><td>鲁玉 3</td></tr>
<tr><td>1986</td><td>中单 2</td><td>四单 8</td><td>烟单 14</td><td>丹玉 13</td><td>鲁玉 2</td></tr>
<tr><td>1987</td><td>丹玉 13</td><td>中单 2</td><td>烟单 14</td><td>四单 8</td><td>鲁玉 2</td><td rowspan="8">289.08</td></tr>
<tr><td>1988</td><td>丹玉 13</td><td>中单 2</td><td>烟玉 14</td><td>四单 8</td><td>掖单 4</td></tr>
<tr><td>1989</td><td>丹玉 13</td><td>中单 2</td><td>掖单 2</td><td>烟单 14</td><td>四单 8</td></tr>
<tr><td>1990</td><td>丹玉 13</td><td>中单 2</td><td>掖单 4</td><td>掖单 2</td><td>鲁玉 2</td></tr>
<tr><td>1991</td><td>丹玉 13</td><td>中单 2</td><td>掖单 2</td><td>掖单 4</td><td>烟单 14</td></tr>
<tr><td>1992</td><td>丹玉 13</td><td>中单 2</td><td>掖单 13</td><td>掖单 4</td><td>掖单 2</td></tr>
<tr><td>1993</td><td>丹玉 13</td><td>掖单 2</td><td>中单 2</td><td>掖单 13</td><td>掖单 4</td></tr>
<tr><td>1994</td><td>丹玉 13</td><td>掖单 13</td><td>掖单 2</td><td>中单 2</td><td>掖单 12</td></tr>
<tr><td>1995</td><td>掖单 13</td><td>丹玉 13</td><td>中单 2</td><td>掖单 2</td><td>掖单 12</td><td rowspan="5">326.25</td></tr>
<tr><td>1996</td><td>掖单 13</td><td>中单 2</td><td>丹玉 13</td><td>掖单 2</td><td>掖单 19</td></tr>
<tr><td>1997</td><td>掖单 13</td><td>中单 2</td><td>掖单 2</td><td>本玉 9</td><td>丹玉 13</td></tr>
<tr><td>1998</td><td>掖单 13</td><td>中单 2</td><td>掖单 2</td><td>掖单 19</td><td>四单 19</td></tr>
<tr><td>1999</td><td>掖单 13</td><td>四单 19</td><td>中单 2</td><td>鲁单 50</td><td>农大 108</td></tr>
<tr><td>2000</td><td>农大 108</td><td>掖单 13</td><td>鲁单 50</td><td>中单 2</td><td>四单 19</td><td rowspan="4">319.24</td></tr>
<tr><td>2001</td><td>农大 108</td><td>郁玉 22</td><td>鲁单 50</td><td>农大 3138</td><td>四单 19</td></tr>
<tr><td>2002</td><td>农大 108</td><td>豫玉 22</td><td>郑单 958</td><td>四单 19</td><td>通单 24</td></tr>
<tr><td>2003</td><td>农大 108</td><td>郑单 958</td><td>豫玉 22</td><td>四单 19</td><td>鲁单 981</td></tr>
</table>

续表

年份	第1	第2	第3	第4	第5	我国玉米平均单产（公斤/亩）
2004	郑单958	农大108	鲁单981	四单19	豫玉22	
2005	郑单958	农大108	鲁单981	四单19	东单60	
2006	郑单958	农大108	鲁单981	浚单20	四单19	
2007	郑单958	浚单20	鲁单981	农大108	聊玉18	
2008	郑单958	俊单20	鲁单981	先玉335	农大108	355.73
2009	郑单958	浚单20	先玉335	农大108	聊玉18	
2010	郑单958	浚单20	先玉335	农大108	中科11	
2011	郑单958	先玉335	凌单20	中科11	蠡玉16	
2012	郑单958	先玉335	浚单20	德美亚1	蠡玉16	

数据来源：全国农业技术推广服务中心及历年《中国统计年鉴》。

不过每个品种的生命周期长短不 ·。郑单958寿命周期最长，从2004年郑单958占主导地位以来，截至2012年，仍没有替代它的优势品种。中单2的生命周期不明显；但丹玉13、掖单13和农大108的生命周期却很明显，随着时间的推移其推广面积都呈钟形分布；而郑单958目前还处于生命周期的上升期。若以各品种占据第1名的年份来说明玉米品种的更新速度，可以发现，近年来我国玉米育种的更新速度明显减慢，2004年以前我国玉米主导品种基本上隔4～7年更新，2004年以后郑单958占据主导地位，到目前为止仍没有看到其推广面积缩减的迹象。

31年来我国累积推广面积最广的玉米品种依次分别为：郑单958、中单2、丹玉13、农大108、掖单13、掖单2、四单19、浚单20、先玉335、烟单14、掖单4、豫玉22、掖单12、鲁单981、沈单7、龙单13、本玉9、掖单19和东农248。其中，先玉335是由美国先锋公司选育的国外玉米品种。先玉335推广面积不断扩大，2006年推广面积仅为26万亩，2012年增加到4215万亩，仅次于郑单958。这20个品种中，除了前13个品种和鲁单981在表4－1中有所体现外，其他品种如掖单12、沈单7、龙单13、本玉9、掖单19和东农248，虽然累积推广面积较广，但却都不是“榜上有名”的品种。随着时间的推移，这些品种被湮没在玉米品种大军当中，有的品种已经被淘汰。

伴随着主导品种的更新，我国玉米单产水平不断提高。中单2时期（将中单2占据主导品种的时期称之为中单时期，之后类似）我国玉米平均单产为242.16公斤/亩，之后经历了丹玉13时期，掖单13时期，农大108时期，郑单958时期，总体来看，单产均值基本上都呈不断提高的趋势。

在我国三种粮食作物中，玉米育种的商业化进程最快，市场化程度最高。每年有不少玉米新品种通过审定，如前所述，2012年我国在实际推广应用中的品种数目达800多种，可见数目之多。然而种子产业由于开发周期长，区域性限制遗传性等特点，我国玉米种业形势并不乐观。每年新审定的上百种新品种当中，真正具有突破性的品种几乎没有，玉米育种同质化现象普遍。虽然我国玉米种子公司数量大，规模小，持证企业近9000家（胡双虎、夏雨清，2014），但大多数不具备品种研发能力。知识产权得不到有效保护，种子套牌销售行为屡见不鲜，种子市场“假而不劣”，政府监管则显得“心有余而力不足”。

第二节　我国玉米主导品种推介体系及玉米良种补贴目录

一、我国玉米主导品种推介体系

高质量的种子是保证玉米稳产高产的重要生产资料。由于我国玉米播种面积大，每年需要大量杂交玉米种子，据估计需求量达11亿公斤（农民日报，2014）。

我国既是种子需求大国，也是种子生产大国。但我国育种行业普遍存在作物品种多、乱、杂的问题，农民在购买决策中往往不知所从。为增强科学性，减少和预防农民在选种上的误区和盲目性，更好地实现粮食增产，我国有关部门和机

构往往会根据各区域的地理气候条件和粮食生产发展方向与趋势，对各地适应的高产稳产品种进行适当推广。

2004 年，农业部制定了《农业主导品种和主推技术推介发布办法》，要求各地通过广播、电视、报纸等新闻媒体，利用挂图、光盘、现场观摩等方式对主导品种及主推技术进行大力推广。随后，农业部每年都推出农产品的主导品种和主推技术。其中 2013 年黄淮海地区夏玉米主推品种包括郑单 958、浚单 20、鲁单 981、金海 5 号、京单 28、中科 11 号、蠡玉 16、苏玉 20、中单 909、登海 605、伟科 702 和农华 10112 个品种。北方地区主推玉米品种包括吉单 27、辽单 565、龙单 38、绥玉 10、兴垦 3、哲单 37、农华 101 和京科 968。

我国玉米主导品种的推介是多层次的，除了农业部主导品种外，省农业厅、县农业局也有主导品种。以山东为例，除了农业部推出的主导品种以外，山东省农业厅每年也推出省级主导品种，山东省农业厅 2010 ~ 2015 年推出的玉米主导品种如表 5 - 2 所示。由表 5 - 2 可知，玉米主导品种随时间推移不断更新，有些品种经久不衰，如郑单 958 多年来一直作为主导品种榜上有名，多数品种都只有几年的生命周期，另一些品种则如昙花一现。

表 5 - 2　2010 ~ 2015 年山东夏玉米主导品种

年份	夏玉米主导品种	数据来源
2010	郑单 958、鲁单 981、浚单 20、聊玉 18 号、金海 5 号、鲁单 9002、登海 11 号、登海 3622、登海 6213、泰玉 14 号、天泰 10 号、莱农 14 号、LN3、齐单 1 号、淄玉 14 号、天泰 58、谷育 178、金海 702、登海 662	http：//www. lcagr. cn/list _ content. asp? ArticleID = 6321，2010 年山东省农业主导品种
2011	郑单 958、浚单 20、金海 5 号、聊玉 22 号、登海 605、登海 3622、泰玉 14 号、天泰 14 号、莱农 14 号、齐单 1 号、淄玉 14 号、天泰 55、金海 702、登海 662、先玉 335、鲁单 818、鲁单 981、德利农 988	http：//www. sdningjin. gov. cn/n1563092/n1565596/c1850143/content. html，2011 年山东省农业主推技术和主导品种

续表

年份	夏玉米主导品种	数据来源
2012	郑单958、登海605、浚单20、金海5号、聊玉22号、登海3622、天泰33号、齐单1号、淄玉14号、天泰55、金海702、鲁单818、德利农988、蠡玉37、连胜188、鲁单9066	宁钦广，我省确定52项农业主推技术和86个主导品种，山东科技报/2012年/2月/27日/第002版
2013	郑单958、登海605、浚单20、金海5号、聊玉22号、登海3622、天泰33号、齐单1号、淄玉14号、天泰55、鲁单818、德利农988、蠡玉37、连胜188、鲁单9066、金阳光7号、中单909	http：//www. jnsn. gov. cn/showNews. asp? id = 273，2013年山东省农业主推技术和主导品种，数据来源：市农委科教科
2014	郑单958、登海605、浚单20、金海5号、聊玉22号、鲁单818、天泰33号、鲁单9066、德利农988、登海618、隆平206、连胜188	http：//www. ytny. gov. cn/NYJSCZD/2014/03/04/10103668. html，烟台农业信息网，2014年山东省农业主推技术和主导品种
2015	郑单958、登海605、浚单20、金海5号、聊玉22号、鲁单818、天泰33号、鲁单9066、登海618、宇玉30、济玉901、农星129	http：//www. shandongsannong. com/content－839275143413－2. htm，山东三农网，山东发布2015年农业主推技术和主导品种

在此基础上，各县还推出了自己的主推品种。例如，2014年莱州市玉米主导品种包括登海701、登海3622、登海701、登海662、登海661；桓台县玉米主导品种包括桓丰16号、桓丰14号、桓丰8号、鲁单9002等品种；东平县的主导品种则包括中单909、鲁单818、登海618等。

综上所述，从农业部的主导品种到省农业厅推出的主导品种，再到县一级推出的主导品种并不完全一致，这是从各地区自然气候环境不一致出发来对不同品种的地区适宜性的考虑。总的来看，我国玉米主导品种的推介呈现为国家级、省级、县级的三级层次体系，如图5－3所示。

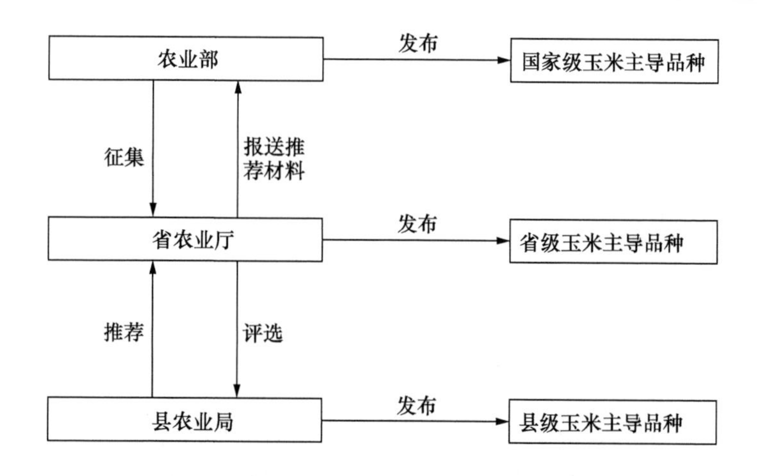

图 5-3　我国玉米主导品种发布程序与推介体系

数据来源：根据农业部 2004 年发布的《农业主导品种和主推技术推介办法》整理。

二、省级玉米主导品种与良种补贴品种目录的对比

我国于 2002 年开始实施良种补贴政策，当年在黑龙江、辽宁、吉林、内蒙古省区实施了 66.67 万公顷高油大豆良种推广补贴，补贴额度为 1 亿元。2003 年，补贴品种扩大到高油大豆和优质专用小麦。2004 年补贴品种范围继续扩大并覆盖到玉米，当时玉米的良种补贴政策首先在河北、内蒙古、辽宁、黑龙江、吉林、山东、河南和四川 8 省区执行。

实施玉米良种补贴以来，补贴总额不断加大，2004 年和 2005 年补贴力度为 1 亿元，补贴面积为 3 万公顷；2006 年和 2007 年补贴力度为 3 亿元，补贴面积为 200 万公顷；2008 年补贴力度为 20 亿元，补贴面积为 1333.33 万公顷。2009 年以后开始了良种的全面覆盖。到目前为止，玉米的良种补贴政策已执行了 10 多年，不过，每亩地的补贴额度变化不大，目前的执行标准仍为每亩补贴 10 元。

表 5-3 将山东和河北个别年份的主导品种目录及良种补贴品种目录进行了对比，限于篇幅没有将所有良种补贴品种全部罗列。首先看山东 2007 年的情况，2007 年山东省玉米主导品种 16 个，良种补贴玉米品种目录共有 22 个品种，除了

郑单958、鲁单981、浚单20、农大108、金海5号、莱农14号、鲁单9002、登海11号、登海3号、泰玉二号、天泰10号11个品种既在主导品种目录当中，也在良种补贴目录当中，主导品种中的东单60号、鑫丰1号、淄玉9号、鲁单984、聊玉18号5个品种不在良种补贴目录中，而良种补贴目录中有11个品种未包括在主导品种当中。2010年山东玉米主导品种共19个，但良种补贴目录中的品种数达75个，甚至国外品种先玉335也在补贴范围之列。主导品种目录与良种补贴目录不一致并非是山东的特有现象，其他省区也是如此。虽然没有获得河北2010年主导品种数据，但根据2013年和2015年河北玉米主导品种的品名和数量（5个）看，良种补贴目录与主导品种目录并不一致。

表5－3　主导品种与良种补贴目录对比

	年份	主导品种目录	良种补贴	
			品种目录	数据来源
山东	2007	同表4－2	郑单958、鲁单981、聊玉18号、农大108、金海5号、浚单20、东单60号、登海11号、鲁单9002、天泰10号、登海3号、泉星2101等共22个品种	山东获补贴玉米良种确定22个品种，科技致富向导，2007（5）：21
	2010	同表4－2	郑单958、浚单20、金海5号、农大108、鲁单981、聊玉18号、鲁单984、莱农14号、中科11号、浚单18、聊玉20、鲁单6028、齐单6号、丰聊008、鲁单8009、鲁单9006、淄玉2号、先玉335等共75个品种	山东省2010年中央财政玉米良种补贴项目推介品种，农业知识，2010（5）：46
	2012	同表4－2	连胜188、鲁单9066、登海6702、中单909、登海605、鲁单818、黑马603、济玉1号等	宁钦广，陈增磊，山东省夏玉米良种补贴项目推介品种，山东科技报，2012/05/14，A2版

续表

	年份	主导品种目录	良种补贴	
			品种目录	数据来源
河北	2013	蠡玉35、纪元128、宽诚60、三北21、蠡玉16号	2010年夏播品种（40个）：郑单958、浚单20、邯丰79、盆玉13、京单28、浚单22、沈玉21、金海5、宽诚15、秀青73—1、永研4、冀农1、极峰2、承玉18、登海3622、先玉335、农乐955、京玉7、鲁单9056、道元8号、廉玉2号	2010年河北省玉米良种补贴项目推介品种发布，河北农业，2010（5）：5
	2015	宽诚60、纪元128、蠡玉35、蠡玉16、蠡玉86	2010年春播品种（20个）：东单60、三北6、纪元128、宽诚60、沈玉21、富友9、承玉10、先玉335、丹玉86、纪元1号、东单80、中单808、沈玉26、郑单958（张家口）、承玉24（承德）、宽诚28（承德）	

注：山东主导品种数据来源同表4－2；河北玉米主导品种数据来源：http：//www. heagri. gov. cn，河北农业信息网，河北省农业厅关于推介发布2015年农业主导品种和主推技术的通知（冀农科发［2015］17号；河北省农业厅关于推介发布2013年农业主导品种和主推技术的通知（冀农科发［2013］8号）。

主导品种是在县农业局和省农业厅推荐基础上，反复筛选出来的优良增产潜力大、适应性广、抗性强、品质优、产量高的优良品种（农业部，2004），是政府发布用来引导农户采用玉米良种，促进玉米生产的重要手段，也是各级农业技术推广部门的工作重点之一。玉米良种补贴是政府推广优良品种、推进优势农产品区域布局的一项惠农政策（李长健、汪燕，2012），两者都有引导农民采用良种的作用。

二者的形成机制也有相似之处。主导品种目录以县为基础向省农业厅推荐玉米优良品种，再由省农业厅向农业部推荐省优良品种。良种补贴品种目录以县为单位，由当地种子管理部门将近5年国审或省审适合当地种植的玉米品种，统一安排品种对比试验，以当地当家品种作为对照品种，筛选出前几名优质高抗、增产幅度明显的品种作为当地补贴主推品种，由市良种补贴工作领导组办公室将各县（市）确定的主推补贴品种统一汇总，上报省良种补贴工作领导组办公室，省良种补贴工作领导组组织有关专家对上报的补贴品种进行审核确定（王新安、谷勇等2009）。两者都是在基层农业部门向上推荐的基础上形成的。

第三节　样本描述性统计

一、样本农户个人及家庭特征

从受访农户户主个人及家庭特征来看（见表5－4），80.10%的受访者是户主，样本农户以汉族居多，少数民族比重为5.43%，其中夏玉米种植农户汉族占比为97.44%，春玉米种植农户汉族占比为87.65%。这是由于样本地区吉林省四平市的伊通县为满族自治县，长春市双阳的双营镇为回族乡镇，这使得春玉米种植农户少数民族比重较高。

表5－4　样本省区户主个人及家庭特征

品种	省份	汉族占比（%）	年龄及其占比			平均受教育年限（年）	家庭劳动力平均人数（人）	专职务农占比（%）
			平均值	60岁及以上人口（%）	40岁以下人口（%）			
春玉米	甘肃	100	50.88	22.22	11.11	7.85	3.16	66.15
	吉林	78.46	52.18	27.18	8.21	7.56	2.47	78.26
	陕西	100	52.48	23.91	10.87	8.93	3.00	76.77
	平均	87.65	51.84	25.29	9.41	7.83	2.74	70.88

续表

品种	省份	汉族占比（%）	年龄及其占比			平均受教育年限（年）	家庭劳动力平均人数（人）	专职务农占比（%）
			平均值	60 岁及以上人口（%）	40 岁以下人口（%）			
夏玉米	安徽	91.57	53.28	34.94	6.02	7.78	2.75	69.88
	河北	98.52	56.55	44.33	5.42	7.92	3.02	54.68
	河南	98.00	53.73	32.00	7.50	7.94	2.89	58.50
	山东	98.04	56.20	41.67	5.88	8.36	2.43	68.63
	陕西	97.71	54.03	32.06	4.58	8.59	3.09	62.60
	平均	97.44	55.04	37.76	5.97	8.13	2.82	61.88

样本数据反映，玉米种植农户的老龄化特征明显，平均年龄为 54.10 岁，有 34.11% 的农户年龄在 60 岁以上（含 60 岁），只有 6.98% 的户主年龄低于 40 岁。其中，东北和西北春玉米样本农户平均年龄为 51.84 岁，年龄大于等于 60 岁的样本农户占比为 25.29%，年龄小于 40 岁的受访者样本占比为 9.41%；华北、华中和华东夏玉米种植农户样本年龄为 55.04 岁，年龄大于等于 60 岁的农户占比为 37.76%，年龄小于 40 岁的农户占比为 5.97%。通过 T 检验发现夏玉米和春玉米种植农户样本年龄在 5% 的显著性水平上存在差异。总体说，夏玉米种植农户样本的老龄化特征较春玉米种植农户样本突出，特别是河北和山东两省。

样本农户平均受教育年限为 8.04 年，小学和初中居多，占比为 77.69%，其中小学文化程度占比为 29.03%，初中文化程度占比为 48.66%。各样本省区中，农户教育水平最高的是陕西，最低的是吉林，但各省区之间没有显著性差异。

家庭劳动力均值为 2.80 人，由于春玉米样本所在省区人口密度相对较低，春玉米种植农户样本家庭劳动力数值略小一些，但与夏玉米种植农户样本家庭劳动力数量没有显著差异。

专职务农农户全总样本量的 64.51%，但在各省区之间有较大差异。河北的这一比例最低，只有 54.68%，吉林的专职务农农户比例最高，这与吉林经济发展程度不高、外出就业机会偏少、而家庭拥有的土地面积较大有关。T 检验结果表明，夏玉米和春玉米种植农户样本专职务农占比在5%的显著性水平上存在差异。可能的原因是夏玉米所在位置为我国中部，吉林、陕西和甘肃有更多的就业打工机会，而且他们的耕地规模较小，难以从土地上获得更多的收入。

二、样本农户参与土地流转情况及土地特征

24.29%的农户参与了土地流转，在参与了土地流转的282个样本中，有255个农户租入土地。其中安徽的土地流转规模最大，2013年安徽有近50%的农户有土地流入或流出行为，陕西的土地流转比例最小。最早租入土地的农户为1980年租入，如图5-4所示，从图中可以看出，近年来土地流转规模加大，特别是2009年以来。户均土地租入费用为388.47元，其中春玉米产区和夏玉米产区的户均土地租入费用分别为272.70元和445.0157元。造成这种差异的原因之一是春玉米产区土地租入期限较短。样本数据反映，41.96%的农户土地承租期为1年，其中春玉米农户中这一数值为65.48%，夏玉米种植农户为30.41%。在调研中农户反映，土地承包期限越长，承包费用越高；土地连片面积越大，承包费用越高。从经济学角度看，前者可能是因为承包期限越长，人们在高通胀预期和高粮食最低收购价预期下认为租出土地的机会收益越高；后者则是因为连片承包需要与更多的土地发包方谈判，这使得土地发包方掌握更多话语权，因此承包费用越高。

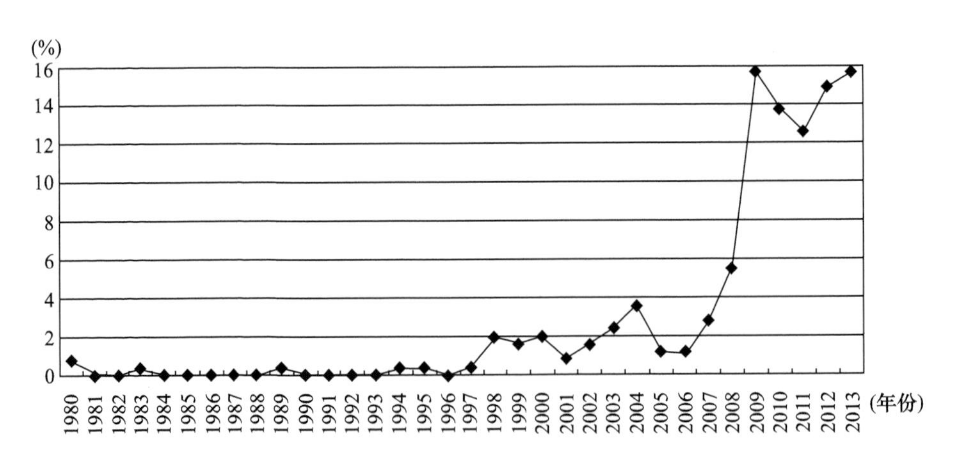

图5-4　农户最早租入土地年份所占比重

绝大多数样本农户属于典型的小规模经营者，64.94%的农户玉米种植面积小于10亩，29.29%的农户玉米种植面积介于10～50亩，只有5.77%的农户玉米种植面积大于50亩，如表5－5所示。春玉米与夏玉米相比，春玉米户均种植面积较大。50.29%的春玉米种植农户属于中等规模，而夏玉米种植农户中只有20.58%的农户属于中等规模；46.18%的春玉米种植农户属于小规模农户，夏玉米种植农户中有72.72%的农户玉米种植面积小于10亩。夏玉米样本省区中，安徽的大规模农户比重最多，陕西最少；春玉米样本省区中，吉林的大规模农户最多，甘肃最少。从中等规模农户的比重来看，夏玉米样本省区中，安徽最高，为51.81%，陕西最低，只有12.98%；春玉米样本省区中，吉林最高，高达80.51%，甘肃最低，只有5.05%。从小规模农户的比重来看，夏玉米样本省区中，陕西最高，高达84.73%，安徽最低；春玉米样本省区中，甘肃最高，高达93.94%，吉林最低。如果用玉米种植地块平均面积反映农户土地细碎化程度，则春玉米土地细碎化程度低于夏玉米，春玉米种植地块平均面积为10.70亩，夏玉米种植地块平均面积为4.93亩。各样本省区中，安徽土地细碎化程度最低，甘肃最高。

表5－5　样本省区玉米种植规模

品种	地区	样本数	小规模（户均面积<10亩）		中等规模（10≤户均面积<50）		大规模（户均面积≥50亩）	
			样本数	比重（%）	样本数	比重（%）	样本数	比重（%）
夏玉米	安徽	83	25	30.12	43	51.81	15	18.07
	河北	203	142	69.95	50	24.63	11	5.42
	河南	200	167	83.50	23	11.50	10	5.00
	山东	204	152	74.51	36	17.65	16	7.84
	陕西	131	111	84.73	17	12.98	3	2.29
	小计	821	597	72.72	169	20.58	55	6.70

续表

品种	地区	样本数	小规模（户均面积 < 10 亩）		中等规模（10≤户均面积 < 50）		大规模（户均面积≥50 亩）	
			样本数	比重（%）	样本数	比重（%）	样本数	比重（%）
春玉米	吉林	195	28	14. 36	157	80. 51	10	5. 13
	甘肃	99	93	93. 94	5	5. 05	1	1. 01
	陕西	46	36	78. 26	9	19. 57	1	2. 17
	小计	340	157	46. 18	171	50. 29	12	3. 53
总计		1161	754	64. 94	340	29. 29	67	5. 77

三、农户玉米产量及其他表现

玉米平均亩产为 558. 01 公斤，其中春玉米为 653. 36 公斤/亩，夏玉米为 518. 52 公斤/亩，春玉米高出夏玉米 134. 84 公斤/亩。比较不同地区玉米单产水平，吉林最高，其次为甘肃，分别为 691. 02 公斤/亩和 656. 58 公斤/亩。单产水平最低的省份是陕西和安徽，分别为 474. 95 公斤/亩和 458. 04 公斤/亩。夏玉米省区中，山东单产水平最高，为 555. 35 公斤。样本省区玉米单产平均水平高出《中国统计年鉴 2013》，除甘肃外，样本数据反映各省区的排名与统计年鉴中的单产排名相同。

图 5 -5 反映了样本农户玉米栽培中严重病虫害、倒伏和早衰现象。数据反映了 21. 36% 的农户最大地块玉米曾遭受严重病虫害，34. 88% 的农户玉米有发生倒伏，18. 95% 的农户玉米发生早衰。比较而言，夏玉米病虫害比例高于春玉米，但倒伏现象低于春玉米。此外，数据表明，我国玉米倒伏问题较病虫害问题更为严重一些。

由于农村劳动力转移和务农人员的老龄化，农户投入粮食种植的劳动时间越来越少，为了省事，有些农户只在播种时施肥，后期不再对玉米进行追肥，这种施肥方式形象地被称为“一炮轰”。玉米表现为叶子前期过绿，后期早衰的农户比重达 16.69%，说明玉米种植中“一炮轰”的现象仍有发生。

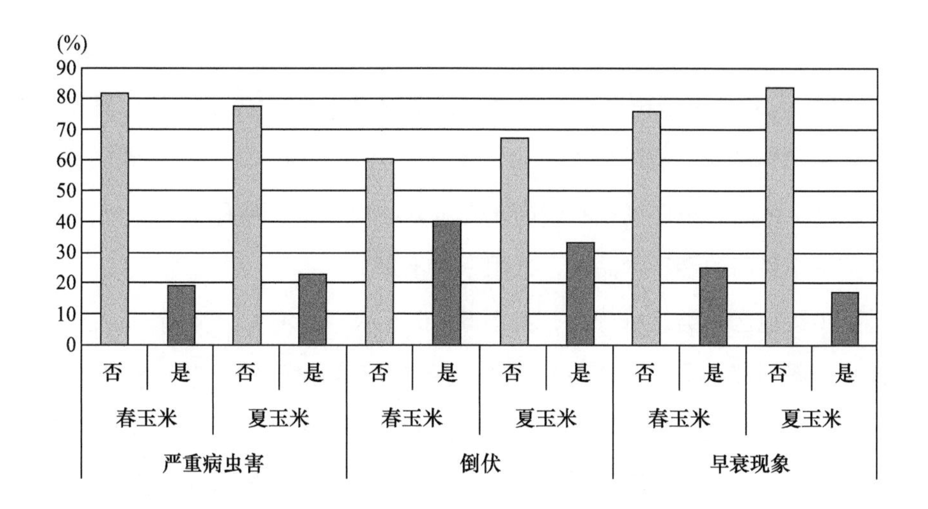

图 5－5　玉米栽培中严重病虫害，倒伏和早衰现象

第四节　样本农户品种采用情况

我国农户玉米品种数目非常多。在调研的 1161 个样本中，有 29 个农户无法详细说明其种植的玉米品种。按其中文名称归类，其余 1132 个样本的玉米品种数多达 328 个。采用率最高的品种分别是郑单 958、先玉 335、隆平 206、登海 605、浚单 20、蠡玉 16、伟科 702、正大 12、金海 5 号，这些品种占总样本量的 51.77%。为降低调研中的偏误，将相似品种归类，例如，将农大 101、农大 108、农大 372、农大 95 等品种统归类为农大系列，则样本农户采用最多的品种系列分别为郑单系列、先玉系列、登海系列、隆平系列、浚单系列、蠡玉系列、伟科系列、正大系列、金海系列和农大系列，这 10 个系列的玉米品种占总样本数的 60.03%。其中，郑单系列品种采用占样本总数的 23.6%；先玉系列占

10.94%；登海系列占6.63%。春玉米中先玉系列推广面积最大，其余9个推广较好的品种系列分别是农大系列、正大系列、登海系列、郑单系列、甘鑫系列、金穗系列、豫玉系列、金秋系列和酒单系列。夏玉米中郑单系列占比最高，达到了31.30%，其余9个采用率较高的品种系列依次分别为先玉系列、隆平系列、登海系列、浚单系列、蠡玉系列、伟科系列、金海系列、莱农系列和中科系列。总体看，夏玉米品种集中度相对较高，春玉米种植分散，品种集中度低，即使先玉这样采用率最高的春玉米品种，采用率也不足15%。

进一步按地区分类进行分析，如图5－6所示。在河北、河南、陕西和山东四省，郑单系列都是采用率最高的品种；在吉林和甘肃两省，先玉系列的采用率最高；在安徽隆平系列采用率最高。从各品种在各地区的竞争优势看，隆平在安徽占有绝对优势；郑单系列采用率在河北、河南、山东和陕西均比排名第2的品种高出许多，品牌集中度较高；先玉系列虽然在吉林和甘肃占有率较高，但优势并不明显。

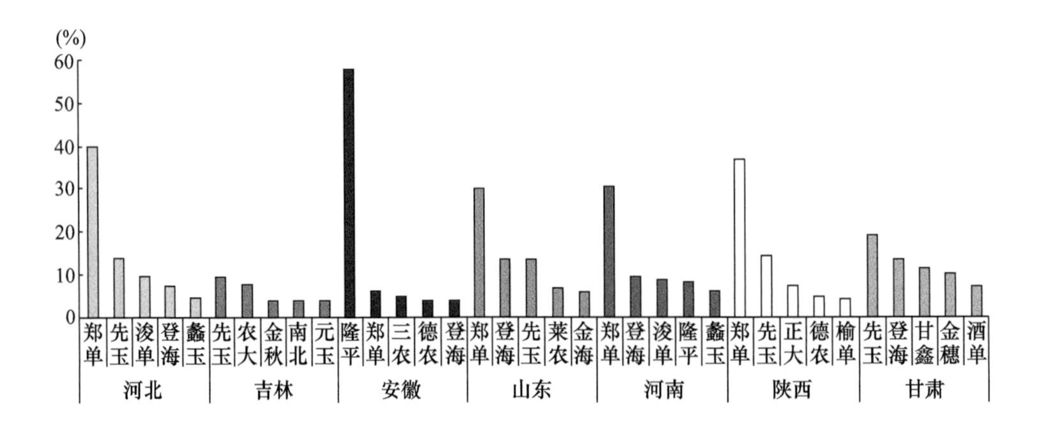

图5－6　各地区采用率最高的5个玉米品种及其占有率

从样本数据看，郑单系列的玉米品种在河北的采用率最高，在甘肃、吉林和安徽都很低，特别是在甘肃为0（见表5－6）；先玉系列在河北的采用率最高，然后是山东、陕西和甘肃，在安徽的采用率为0；登海系列在山东的采用率最

高，在安徽的采用率最低；隆平系列在安徽的采用率最高，在吉林、甘肃和陕西的采用率最低；浚单系列在河北的采用率最高，在吉林、甘肃和安徽为0。

表5-6　排名前5的玉米品种系列在样本地区的采用情况

地区		安徽	甘肃	河北	河南	吉林	山东	陕西
郑单系列	样本量（个）	5	0	81	61	1	61	65
	比重（%）	1.82	0	29.56	22.26	0.36	22.26	23.72
先玉系列	样本量（个）	0	19	28	10	18	27	25
	比重（%）	0	14.96	22.05	7.87	14.17	21.26	19.69
登海系列	样本量（个）	3	13	15	18	0	27	2
	比重（%）	3.85	16.67	19.23	23.08	0	34.62	2.56
隆平系列	样本量（个）	48	0	1	16	0	11	0
	比重（%）	63.16	0	1.32	21.05	0	14.47	0
浚单系列	样本量（个）	0	0	19	17	0	5	6
	比重（%）	0	0	40.43	36.17	0	10.64	12.77

从农业部主导品种的推广情况看，样本数据反映，主导品种在春玉米中采用率较低，仅为5.88%，主要是先玉335这样的采用率较高的品种未在农业部主推品种之列，加上先玉335，则良种采用率为16.47%。主导品种在夏玉米中的采用率较高，为48.60%，若加上先玉335和隆平206，采用率为59.44%。从这些品种在各地的采用率看，河北采用率最高，达70.44%，其次分别为河南、山东、陕西、甘肃、吉林和安徽。

第五节　样本农户玉米品种采用的其他情况

品种使用的年限对玉米产量有影响，相同玉米品种连年种植可能会造成玉米杂交优势相对减弱，同一病原菌的大量积累，产量降低。一般而言，玉米品种种植3～5年后，产量和抗性就开始有明显下降（安伟、樊智翔等，2003）。春玉米与夏玉米在品种的更换上有很大不同。春玉米农户由于连年种植玉米，几乎没有轮作行为，因此，通过更换玉米品种作为降低连作危害的方法之一。夏玉米种植多实行小麦—玉米的轮作，因此，多年种植同一种玉米品种的比率相对较高。在山东和河南的调研中追加了一部分有关玉米品种和技术采用方面的问卷，获得有效问卷388份。样本数据显示，2013年相同玉米品种连续被种植5年的比例为1.80%；连续4年比例为14.43%；连续3年的比例为21.39%；连续两年的比例为23.71%，其余38.66%的品种为当年种植。这说明多数农民能够通过更换玉米品种来降低连作危害。

农户获取玉米新品种信息的最主要的途径首先是农资店或种子公司的推销，其次是各乡镇农技推广站和科研机构的推荐，最后是亲戚、临近农户或种粮大户等熟人介绍推荐，这些渠道占农户样本的40.72%、34.54%和11.60%。加上调研中有的农户选择了两个途径选项，则选择前三个渠道的农户比例一共为92.27%。总结以上品种信息来源渠道，可以将影响农户玉米品种选择的三个主体分别归纳为商家、政府和熟人。商家通过各种营销手段和游说手段激发农户的购买意愿，政府通过良种补贴和技术培训影响农户，熟人通过人际交往中的信任影响农户品种选择。

虽然有政府的良种补贴，但农户购买玉米种子最主要的渠道还是农资经销店。调研中，每个村基本上都有1～2家农资经销店，这些农资店从种子、化肥到农药都有所涉及。农户从农资店购买农用物资，店主同时担当技术顾问的角色，为农户解决实际生产栽培中的技术问题。例如，在山东的调研中，农户拿着发黄的叶片到农资店向店主咨询作物生长中的营养问题，店主在解决农户问题的同时，向农户销售相应的农资。在一些农资经销竞争激烈的乡村，农资经销商还通过产品捆绑服务促销，例如山东某镇的农资经销商将玉米种肥与玉米播种捆绑在一起，买肥料就可获得经销商提供的免费播种服务；再比如，若农户从农资经销商处购买化肥后，可得到农资店免费送化肥至田间地头的服务。这些服务迎合了当前兼业化和老龄化特征明显的中国农村劳动力缺乏的需求。有些政府推广的农资品质质量即使比农资店销售的更高，但农户仍选择农资店，主要原因是农资店有更好的配套服务，这也是目前部分地区测土配方肥不能很好地销售的重要原因。

第六节 本章小节

我国玉米品种更新速度较快，1982~2012年，我国推广面积最大的玉米品种经历了中单2号、丹玉13号、掖单13、农大108和郑单958，每个品种都有一定的生命周期，都经历了推广面积快速增长而后逐步缩减的过程。然而，近年来我国玉米育种的更新速度明显减慢，2004年以前我国玉米主导品种基本上隔4~7年更新，2004年以后郑单958占据主导地位，到目前为止仍没有看到其推广面积缩减的迹象。与此同时，国外品种先玉335推广面积不断扩大，成为国产主导品种的重要威胁。

我国每年虽有不少玉米新品种通过审定，然而真正具有突破性的品种几乎没有，玉米品种的多、杂、乱的问题以及育种同质化问题突出，我国玉米育种形势并不乐观。为更好地实现粮食增产，增强农户购种的科学性，我国玉米主导品种推介体系呈现为国家、省、县的三级体系。但对比省级主导品种和良种补贴品种目录，两者并不一致，个别主导品种不在良种补贴目录之列。

微观调研数据与宏观数据分析的结果相同，我国农户面临着庞大的玉米品种数目。样本数据显示，包括郑单958、先玉335、隆平206、登海605、浚单20、蠡玉16、伟科702、正大12、金海5号在内的9大主导品种占总样本量1/2左右，且郑单958和先玉335分别占据采用率最高的位置，但春玉米与夏玉米有较大差异，各省区的具体情况也不尽相同。从农业部主导品种看，春玉米种植农户中农业部主导品种的采用率大大低于夏玉米，且春玉米品种的集中度低于夏玉米，这从侧面反映出春玉米种子竞争大于夏玉米。

样本数据显示多数农户能够通过更换玉米品种以降低连作危害，83.77%的农户会在三年内更换玉米品种。57.47%的受访者表示不会购买周围的人没有种过的玉米新品种，14.43%的农户曾经购买过假的玉米种子。农户对农业技术和玉米品种有一定的重视，45.36%的农户家中有与玉米栽培相关的书籍，63.40%的农户能够认识到玉米品种的采用应与相应的农艺相结合。

农资经销店不但是农户购买种子最重要的渠道，在目前我国农村基层技术人员缺位的情况下，农资经销店还承担着技术员的角色，他们在品种普及和技术推广中的作用不可忽视。

第六章　农户玉米品种性状偏好
——以夏玉米为例

在提高玉米单产水平的各种技术手段中，品种更新一直备受关注。然而，近年来我国玉米品种不但更新速度慢，且种业同质化现象严重（张世煌，2013）。与此同时，跨国种业巨头纷纷进入我国抢占市场，由美国先锋公司选育的先玉335作为国外品种占据我国市场已经给我国玉米种业敲响了警钟。随着我国市场经济体系的日趋完善和农户收入水平的不断提高，农户自主决策能力得到增强，他们对玉米品种性状属性的偏好成为种业公司竞争成败的关键。根据农户需求培育玉米新品种，加速玉米品种更新，不仅是商业化育种和提升种业竞争力的必然要求，也对实现我国玉米增产潜力也有重要意义。由于山东和河南全境都属于黄淮海夏玉米产区，对夏玉米生产具有很高的代表性，本章基于山东和河南农户需求调研数据，采用选择实验方法，应用随机参数模型与潜类别模型分析农户夏玉米品种性状属性的支付意愿，支付意愿问题反映的是农户偏好问题，而农户偏好影响农户玉米品种的选择。

第一节　选择实验应用综述

选择实验（Choice Experiment）理论属于陈述性偏好的一种，常常被用来模拟真实的购买决策，研究消费者对不同商品或服务的购买行为，王文智和武拉平（2014）对选择实验理论及其在食品需求研究中的应用进行了详细的综述。除食品消费外，选择实验方法还在资源环境、动物福利、医疗卫生等领域被广泛应用。例如，应用该方法模拟公众对环境和自然资源的偏好（Mackenzie，1993；Hanley 等，2002；陈竹等，2013；吕欢欢，2011）；设置不同模拟场景研究医务人员对农村或偏远地区医务工作的偏好（Kolstad，2011；Martineau，2003；宋奎勐等，2013）等。

近年来，利用选择实验方法对农业生产资料属性支付意愿的研究也逐渐兴起。Roessler 等（2008）将雌性仔猪作为研究对象，应用选择实验方法，采用 MNL 模型分析指出自给型小规模农户将仔猪的环境适应性（患病率低）和仔猪生长率作为最重要的两个属性，市场导向的小规模农户则最看重仔猪生长率。Ortega（2014）等采用选择性试验方法对中国南方水产养殖户改变养殖模式的意愿进行了研究。Asrat 等（2010）以高粱和埃塞俄比亚画眉草（非洲的一种粮食作物）为例，采用选择实验方法，研究了农户的种植偏好，表明农作物品种的环境适应性和产量稳定性是重要的两个属性。Ward 等（2013）应用选择试验方法，将玉米品种属性分解为玉米生育期、制种方式（自交种 VS 杂交种）、每英亩耗种量、与干旱相关玉米产量（分为三种情况：极度干旱、中等干旱和正常年景）及每公斤种子价格，采用 Mixed Logit 和 MNL 模型分析了印度农户对水稻耐旱属性的偏好及农户偏好的异质性，证明了风险和损失规避是农户效用的重要组成部分。

总体说，利用选择实验方法研究农户对动植物品种属性的偏好和支付意愿，对动植物育种方向的确定有重要的指导意义，但由于相关研究跨学科特征明显，要求研究者既要掌握计量经济学的研究方法，又要熟悉动植物品种的重要性状属性，因此相关文献还比较有限。加之该类研究必须结合当地的自然和经济环境，因此对我国动植物育种的指导意义不大。虽然近年来国内采用选择实验方法的相关研究逐渐增加，但结合玉米品种，探求农户玉米品种性状属性和支付意愿的研究几乎空白，这也是本章的创新所在。

第二节　选择实验理论及计量模型

选择实验方法的理论基础是 Lancaster 消费理论，其统计分析基于随机效用模型。消费欲望决定了消费者行为，消费者行为的最高原则是追求效用的最大化，Lancaster 的“产品特征”消费需求理论指出，商品效用并非来自商品或服务本身，而是来自商品或服务所具备的特征属性（Lancaster，1966）。也就是说，任何一种商品或服务都可以分解成特征属性的组合。据此理论，农户 i 从所选择的玉米种子 j 中所获得的效用 V_{ij} 是从玉米品种的每个性状属性 k（k = 1，2，…，K）中所获得的效用 v_{kij} 之和。效用 V_{ij} 的线性方程为：

$$V_{ij} = \beta_{1i} v_{1ij} + \beta_{2i} v_{2ij} + \cdots + \beta_{Ki} v_{Kij} \quad (6-1)$$

式（6-1）中，参数 β_{Ki} 表示单个农户 i 对于玉米性状属性 k 的效用 v_{Kij} 的权重。β_{ki} 提供了每个性状属性水平偏好强度的量化信息，其符号对模型建立的理论或模型的内在有效性提供了检验。

随机效用模型假设随机效用 U_{ij} 由两部分组成：确定性部分 V_{ij} 和随机部分 ε_{ij}，其中，V_{ij} 是玉米品种性状属性的函数，而 ε_{ij} 则是由不可观测的玉米品种性状属性和个人偏好决定。在选择实验中常常引入常数项 ASC_i 作为虚拟变量，在本书的问卷设计中是以选项 C 的形式呈现的（详见本章第三节），该选项又称为 Opt - out 选项，设置 Opt - out 选项能够避免在给定选项中强迫选择时可能导致的参数估计偏差（Ryan 等，2012）。因此随机效用为：

$$U_{ij} = V_{ij} + \varepsilon_{ij} = v_{kij}\beta'_{ki} + \varepsilon_{ij} = \beta_{ASC}ASC_i + \beta_{1i} v_{1ij} + \beta_{2i} v_{2ij} + \cdots + \beta_{Ki} v_{Kij} + \varepsilon_{ij} \quad (6-2)$$

偏好的异质性应通过合适的模型来反映，常用的模型包括随机参数模型（也称 RPL 模型）和潜类别模型（Latent Classes Model，LCM）。

不同农户对玉米品种性状属性的偏好不同，随机参数模型中受访农户 i 选择品种 j 的非条件概率 P_{ij} 为：

$$P_{ij} = \int \frac{\exp(\beta'_i v_{ij})}{\sum_m \exp(\beta'_i v_{in})} f(\beta_i) d\beta_i \quad (6-3)$$

式（6－3）中的 m 为选择项的数量（本研究中一个选择集中的选项数）。

虽然农户偏好是异质性的，但可以在这些差异中找到共性，也就是说，可以根据这些差异将 N 个农户划分为 C 个不同类别，每个类别的农户具有近似的偏好（Boxall 等，2002）。因此，可以进一步利用潜类别模型，分析不同类别的农户的偏好差异。在潜类别模型中，$f(\beta)$不再是连续的，则潜类别模型中农户选择玉米品种 j 的概率为：

$$P_{ij} = \sum_{c=1}^{c} \frac{\exp(\beta'_i v_{ij})}{\sum_m \exp(\beta'_i v_{in})} Q_{ic} \quad (6-4)$$

式（6－4）中，β_c 是 c 类别的参数向量，Q_{ic}是农户 i 可归为类别 c 的概率。

单个属性变化的边际替代率能够通过式（6－5）中的参数比值来代表，该比值也就是玉米品种性状属性的支付意愿。由于模型计算出来的价格参数是负值，因此式（6－5）计算时需要加上负号。

$$WTP = -(\text{Attribute Parameter}/\text{Price Parameter}) \quad (6-5)$$

第三节　选择实验设计

一、玉米品种性状属性的选择

玉米品种性状包括很多方面，例如品种的抗倒伏性、抗病虫害性、株高特征、产量特征、叶片的紧凑或平展特征、收获时的含水率等。有些性状对于农户选用决策来说非常重要但并没有被包括在选择实验当中，例如抗倒伏性和病虫害性，原因之一是农民将这两种性状作为玉米品种必备的属性，任何一个性状缺失农民都不愿选择，特别是在“高抗倒伏性和低抗病虫害性”对“低抗倒伏性和高抗病虫害性”时，受访者拒绝选择；原因之二则是品种抗性与品种高产性、稳产性具有很强的相关性，这直接违背了选择实验设计的要求。选择实验是通过设置一定的选择场景对被访者进行实验，因此，实验设计的品种性状属性项应当是农户关注的，有些性状对于育种专家来说非常重要，但农户的关注度很低，例如玉米的含水率，大多数农户不知道玉米收获时的含水率。对于这些农民并不关注的品种性状属性，应当包括在选择实验设计表中。

在参考专家意见和历史文献的基础上，我们开展了两次预调研，结合当前农户的需求和选择实验对属性的独立性要求（Birol E. 等，2012），最终确定玉米品种的四个性状：生育期、产量特征、穗齐与否和籽粒品质。

玉米品种穗位影响机械化收获效果（张大鹏，2014），特别是穗位过低，可能造成设备被绞住，甚至整块地玉米都无法收割。在预调研中，一些农资销售处，将玉米穗位整齐作为种子的卖点之一，因而本书将玉米品种是否穗位整齐作为玉米品种农艺性状之一进行分析。

通常而言，生育期长的玉米其产量会更高，历史上我国曾将培育更长生育期的品种作为育种方向之一。但生育期越长，意味着生长期间遭遇的生物与非生物胁迫的可能性越高，肥料的利用率下降，农民的劳动强度更高。为考察农户对玉米生育期是否有特别的偏爱，在此将生育期作为玉米品种的性状属性之一进行研究。本书将玉米生育期划分为三个层次：早熟、中熟和晚熟，具体如表 6 - 1 所示。

玉米是饲料的主体，培育高油或高蛋白玉米符合畜牧养殖对优质原料的需要，在发达国家，玉米向专用型、高附加值型方向发展，如高油、高赖氨酸玉米等（陶承光，2013）。本书将玉米籽粒品质属性划分为普通玉米和高油或高蛋白玉米两大类。

产量性状是农作物重要性状之一，但产量与气候和环境相关。有些品种稳产性好，另一些品种虽然高产，但遭遇逆境时产量下降很多。干旱化是当前夏玉米产区所面临最严重的环境问题，从而限制了玉米的增产（刘文莉等，2013）。本书将玉米的产量属性确定为稳产耐旱型和高产不耐旱型两种，其中稳产耐旱型确定为比平均亩产量高出10%，在干旱年景亩产量减产幅度较小，减产幅度为20%；高产不耐旱型比平均亩产量高出20%，在干旱年景产量减产幅度较大，减产幅度为30%。

表6-1 玉米品种属性及其水平设计

性状属性			属性水平	
种子价格（元）	20/4000粒	40/4000粒	60/4000粒	80/4000粒
产量特征	稳产耐旱型	高产不耐旱型		
玉米籽粒品质	普通玉米	高油或高蛋白玉米		
穗齐与否	是	否		
生育期	早熟	中熟	晚熟	

最后，为了计算支付意愿，实验设计要求选择集当中必须包括一项可用货币度量的属性，一般而言，人们都选择研究对象的价格，本书也不例外。在此将玉米价格分为四个层次：分别为20元/4000粒、40元/4000粒、60元/4000粒和80元/4000粒。其中最后一档价格设置于当年，但在多数年份是在正常价格范围之内的数值，目的在于探求农户对高价玉米种子的需求。

二、问卷的设计

根据本书选择实验确定的性状属性及其水平，若采用全因子设计，模拟场景为96个（$4^1 \times 3^1 \times 2^3$），过多的选择场景既无必要，也不可行。一般地，选择实验的设计只要遵循正交性原则（Otrhogonaligy）、水平平衡性原则（Level Balance）和最小重叠性原则（Minimal Overlap），就可通过选择少量场景实现较高的代表性（Ryan等，2012）。具体说，本书根据SAS软件正交试验的设计结果，设计了4份不同区组（Block）问卷，每份问卷10个选择集，每个选择集中有3个选择项，受访者要求在三个选项中做出选择，如表6-2所示。

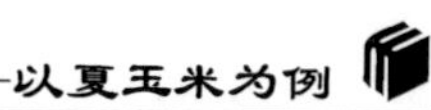

表 6-2　选择集（模拟场景）示例

	选项 A	选项 B	选项 C
玉米种子价格	60 元/4000 粒	40 元/4000 粒	选项 A 和选项 B 都不符合我的选择
生育期	早熟	早熟	
与干旱相关的产量特征	稳产耐旱型	高产但不耐旱型	
玉米品质特征	高油或高蛋白	普通	
穗位整齐度	穗位不整齐	穗位整齐	
我会购买			

第四节　实证分析

一、样本农户描述性统计

表6-3为样本农户的人口统计与社会经济特征，包括受访者的性别、年龄、教育年限、兼业程度、样本农户收入水平自评、玉米种植面积及土地能否浇水。受访者以男性居多；年龄偏大，老龄化特征明显，41 岁以上样本农户比例达90.98%；教育年限较低，以初中文化为主，其次为小学和高中文化；兼业化程度较低；收入水平呈正态分布；小规模农户占大多数，85.31%的农户玉米种植面积低于或等于 10 亩；多数土地都能够灌溉。

表 6-3　受访者描述性统计

变量	频率（%）	均值	标准差	变量	频率（%）	均值	标准差
性别		0.78	0.42	玉米种植面积		26.1	183.4
0=女，1=男		48.20		<5 亩			

续表

变量	频率（%）	均值	标准差	变量	频率（%）	均值	标准差
年龄		55.18	10.37	5~10亩	37.11		
≤40岁	9.02			11~50亩	10.82		
40~60	60.31			>50亩	3.87		
>60岁	30.67			收入水平评价		3.01	0.90
教育年限		7.68	3.21	1=上等	5.67		
小学	31.96			2=中上等	15.46		
初中	45.88			3=中等	59.02		
高中	20.1			4=中下等	12.37		
大专及以上	2.06			5=下等	7.47		
兼业程度		1.35	0.59	是否能浇水		0.97	0.17
1=仅农业	71.13			0=否	3.09		
2=农业及其他	22.68			1=是	96.91		
3=主要从事非农行业	6.19						

二、玉米品种性状属性偏好

本书利用NlogitT4.0软件分别估计随机参数模型和潜类别模型参数。参数估计结果如表6-4所示。随机参数模型中对数似然函数值为-3166，表明模型对数据的拟合程度良好，因此同质性偏好的原假设被拒绝。价格系数为负且显著，表明样本农户更愿意选择价格较低的玉米种子。玉米品种的其他四个属性：玉米的生育期、穗齐与否、籽粒品质、与干旱相关的产量特征的参数符号都为正，除籽粒品质的参数在5%水平下显著外，其余属性参数均在1%的水平下显著，表明模型解释力较强，且农户偏爱生育期短、穗位整齐、高油或高蛋白及稳产耐旱型玉米品种。

表 6-4　RPL 模型和 LC 模型参数估计结果

变量	含义	PRL 模型	LC 模型	
			第 1 层 穗齐偏好农户	第 2 层 产量稳定偏好农户
种子价格	玉米种子的价格	-0.0060*** (0.0012)	-0.0068*** (0.0013)	-0.0082*** (0.0030)
生育期	早熟=0; 中熟=1；晚熟=2	0.3510*** (0.0314)	0.3682*** (0.0353)	0.3849*** (0.0588)
与干旱相关的产量特征	高产但不耐旱型=0 稳产耐干旱开型=1	0.6546*** (0.0491)	0.5513*** (0.0529)	1.4247*** (0.1184)
籽粒品质	普通玉米=0 高油或高蛋白玉米=1	0.1300** (0.0507)	0.2798*** (0.0557)	-0.4551*** (0.1201)
穗位整齐度	穗位不整齐=0 穗位整齐=1	0.9710*** (0.0502)	1.0709*** (0.0561)	1.1818*** (0.1088)
虚拟变量	ASC3	-0.7915*** (0.1017)	-2.6358*** (0.1997)	2.0502*** (0.1947)
层概率			0.8683***	0.1317***
McFadden Pseudo R^2		0.2685	0.3560	
AIC/N		1.6348	1.4217	
BIC/N		1.6445	1.4427	
LogL		-3166	-2745	

注：括号中的数值为标准误，***和**分别表示在1%和5%的水平下通过显著性检验。

邱皓政（2008）指出，当样本数较大时，潜类别模型以 BIC 指标来判断模型的优劣，本书样本数为 3880 个，故主要参考 BIC 指标。另 Andrews 和 Currim（2003）证明 BIC 统计量不会出现拟合不足，但有时会出现过度拟合。根据对数似然函数值、ρ^2、BIC 指标和参数显著性程度综合考虑，最终确定将本书潜类别模型分为两类。本书两类别模型的对数似然函数值为 -2745，McFadden Pseudo R^2 为 0.36，表明回归结果总体显著，拟合优良。86.83%的农户被分到第一个类别，13.32%的农户被分到第二个类别。首先在第一类别中性状属性参数值最大的为穗位整齐度参数，其次为玉米品种与干旱相关的产量特征、生育期和籽粒品质特征，这表明该类别农户对穗齐有强烈偏好，因此第1层可归类于穗齐偏好群体。比较第二类别中各性状属性参数值大小，最大的是与干旱相关的产量特征的参数值，最后为穗位整齐度、籽粒品质和生育期，表明第二层农户对稳产耐旱型玉米品种有强烈偏好。

总体看，第一类别农户对适宜机械化收割的玉米有强烈偏好，且这部分农户占绝大多数；第二层农户更为关注玉米产量，机械化收割问题紧随其后，但这部分农户比例较低。两类别农户都更为偏好生育期短的玉米品种，但第一层农户对玉米籽粒品质特征有积极倾向，而第二层农户不在乎玉米品质，主要原因是高油或高蛋白玉米与普通玉米在外观上难以区分，导致在玉米收购中优质优价原则常常无法体现（孙继峰等，2008）。

三、玉米品种性状属性支付意愿

可以计算出农户对玉米品种性状的支付意愿，如表6－5所示。从随机参数模型看，玉米生育期、品种的品质特征、与干旱相关的产量特征和穗位整齐度的支付意愿为正且数值较大，表明农户对这四种属性都有较高的支付溢价。受访农户对具有穗齐性状的玉米品种支付意愿最高，愿意为这一特征多支付162.10元/4000粒，这表明农户对适宜机械化收割的玉米品种有更高的支付意愿。支付意愿排在第二的是与干旱相关的产量特征，由于数据界定中将高产但不抗旱型定义为0，将稳定耐旱型品种定义为1，因此，这表明农户更为偏爱稳产型品种。农户对较短生育期的品种支付意愿为58.60元。农户对玉米品种的籽粒品质的支付意愿最低，只有21.69元/4000粒。

潜类别模型能够反映出农户偏好的异质性，计算两类别农户的支付意愿。比较两个类别农户与总体农户（随机参数模型）的支付意愿的差异，可以发现，第一类穗齐偏好农户与总体农户的支付意愿比较相近，四个性状属性的支付意愿值的排名与总体农户的也相同；第二类别农户与总体农户的支付意愿差异较大。

表6-5　农户对玉米品种各性状属性的支付意愿

变量	随机参数模型	潜类别模型	
		第一类 穗齐偏好农户	第二类 产量稳定偏好农户
生育期	58.60	54.31	46.82
与干旱相关的产量特征	109.28	81.32	173.32
籽粒品质	21.69	41.27	-55.37
穗位整齐度	162.10	157.95	143.77

在第一类别中，农户对玉米品种的穗位整齐度支付意愿最高，为157.95元/4000粒。在玉米生产各项环节中，玉米收割是最费体力的，也是农户机械化意愿最强的环节，但玉米机收受制于较高的收割成本和较低的收割质量，玉米机收比重低于机播比重，样本数据反映，玉米机械播种农户比重是75.26%，机械收割农户比重为53.35%。提高玉米的穗位整齐度无疑能够在现有的玉米联合收割机水平下迎合农户的需求，因此，第一类别的农户是机械化意愿较强的农户。支付意愿排在第二的性状属性是与干旱相关的产量特征，其支付意愿为81.32元/4000粒，玉米品种的生育期性状的支付意愿为54.31元/4000粒，而玉米籽粒品质性状的支付意愿为41.27元/4000粒。

在第二类别产量稳定偏好农户中，玉米品种与干旱相关的产量性状的支付意愿最高，高达173元/4000粒。第二类别的农户虽然对玉米品种的产量比较关心，但对玉米穗齐与否的支付意愿为143.77元/4000粒，与第一类别农户相近。支付意愿排在第三的是玉米品种的生育期（46.82元/4000粒），支付意愿最低的是玉米籽粒的品质特征（-55.37元/4000粒）。第二类别农户对玉米籽粒的品质特征支付意愿为负，可能的原因是这部分农户特别注重玉米的产量（或数量），而忽视其质量（或品质），特别是如上所述，目前优质优价还不能很好地体现。

总体看，农户对玉米品种性状属性的支付意愿较高。调研中农户反映只要种子质量好，价格高没关系，体现了农民“有钱买种无钱买苗”的经验积累，这也使得本书实证结果得出了较高的支付溢价。但实际上，如果种子价格过高，无疑将会挤压本就不高的粮食经营收益。例如，2015 年一些地区德美亚系列玉米种子价格上涨至 100 ~ 120 元/4000 粒，农民表示无力承受。这也是选择实验方法在应用中的弊端，毕竟农户面临的是模拟场景，而不是实际购买行为。尽管如此，应用选择实验方法仍是获得农户偏好和支付意愿的可信度较高的方法。

第五节　本章小结

利用夏玉米产区山东和河南农户选择实验数据分析农户对夏玉米品种性状属性的偏好和支付意愿。研究结果表明，农户对品种特性的偏好有异质性；农户对玉米品种的穗位整齐度的支付意愿最高，其次为玉米的产量特征和生育期，对玉米籽粒的品质属性支付意愿最低。农户对玉米品种性状属性支付意愿的排序反映了农户对玉米适宜机械化收割的关注度高于对产量的关注，即培育适宜机械化操作的玉米品种能够更好满足农户需求。

一方面，实证研究表明，相对于高产不耐旱型品种，农户更愿意选择稳产耐旱型品种；另一方面，样本数据反映 96.91% 的土地都能够有效灌溉，且 79.54% 的土地实现了机井灌溉。也就是说，即使在灌溉非常便利的条件下，农户仍然偏爱耐旱稳产型玉米品种，原因是农户希望在整个玉米种植过程中不进行人工灌溉最省事、最理想，换句话说，农户对耐旱稳产型品种的偏好还包含了农户节约劳动力的期望。

实证结果显示，农户对生育期短的玉米品种有更高的支付意愿。最主要的原因是玉米生育期越短农户投入的劳动力越少。可见，农户对玉米品种较短生育期的偏好实质上也是对节约劳动力的偏好。

玉米籽粒品质的支付意愿最低，如前所述，这主要是由于优质优价的原则难以在收购中体现。因此，若能培育出与普通玉米外观差异明显的高油或高蛋白玉米对高品质玉米推广将大有裨益。

根据诱制性技术创新理论，玉米品种性状偏好和支付意愿的背后本质上是农户对高价格生产要素节约的需求。要素价格对市场的调节在玉米育种行业应有所体现，即玉米育种应朝着节约劳动力的方向转变。研究结果从侧面反映出产量并非农户看重的最重要的性状属性，与产量目标相比，轻简目标显得更为重要。然而，政府发展玉米生产主要目标之一是产量，因此，我国玉米育种应将产量目标与轻简目标有机结合，培育出稳产、高产、适宜机械化采收的“懒玉米”。

第七章　农户玉米技术采用及其影响因素

玉米产量潜力的挖掘不仅来自品种对单产水平的贡献，还与高产栽培技术的发展进步有关。因此，优化精简栽培技术，然后辐射到周边，带动更多的农户，提高农户技术的采用率和到位率，实现玉米种植的稳产高产，亦非常重要。本章在概述 2004 年以来农业部推介发布的玉米主推技术的基础上，基于微观调研数据，分析样本农户主要技术的采用情况，最后以赤眼蜂防治玉米螟技术为例分析农户技术采用的影响因素。

第一节　农业部推介发布的玉米主推技术概述

我国自 2004 年开始，农业部每年都会定期发布当年农业主导品种和主推技术，主要包括农产品主导品种、综合性技术、专项技术和机械化技术。

表 7－1 整理列举了 2004～2015 年玉米专项技术和与玉米相关的机械化主推技术，从表中可以看出 2008 年以来，主推技术不断细化，且技术推广的连续性得到增强，例如玉米“一增四改”技术自 2008 年以来连续 8 年作为主推技术。农业机械化是农业现代化的必然趋势，也是当今我国农村青壮年劳动力外出打工

背景下，农村“3860”现象下的必然选择，我国于2011年开始提出农作物机械化生产技术，就玉米而言，涉及的农机技术主要包括精量播种的机械化技术和玉米收获机械化技术。

表7-1 2004~2015年农业部推介发布的玉米主推技术

年份	主推玉米专项技术	与玉米相关的农机主推技术
2004	少、免耕覆盖直播技术	—
2005	赤眼蜂防治玉米螟技术、主要农作物秸秆还田免耕直播技术、主要粮食作物地膜覆盖高产栽培技术	—
2006	青贮玉米生产和利用技术	—
2007	—	—
2008	黄淮海小麦/玉米轮作平衡增产技术、玉米“一增四改”技术、玉米早熟矮秆耐密增产技术、甜玉米和糯玉米优质高产栽培技术	—
2009	玉米“一增四改”技术、玉米地膜覆盖种植技术、玉米简化高效育苗移栽技术、甜、糯玉米优质高产技术规程	—
2011	黄淮海产区：玉米“一增四改”技术、玉米晚收增产技术。北方春玉米区：玉米密植早熟增产技术、玉米中耕深松蓄水保墒增产技术、玉米病虫综合防控技术。西南玉米区：西南玉米雨养旱作增产技术	玉米联合收获机械化技术
2012	玉米“一增四改”技术、夏玉米直播晚收高产栽培技术、旱地垄播沟覆保墒培肥耕作技术、玉米滴灌节水增产技术、玉米密植早熟增产技术、玉米病虫综合防治技术	玉米精量播种机械化技术、玉米联合收获机械化技术
2013	黄淮海产区：玉米“一增四改”技术、夏玉米直播晚收高产栽培技术。北方春玉米区：玉米膜下滴灌节水增产技术、玉米密植高产全程机械化生产技术、赤眼蜂防治玉米螟技术。西南玉米区：旱地垄播沟覆保墒培肥耕作技术	玉米精量机播保苗机械化技术、玉米收获机械化技术、玉米烘干机械化技术
2014	黄淮海产区主推技术同2013年。北方春玉米区：玉米膜下滴灌水肥一体化增产技术、玉米密植高产全程机械化生产技术、玉米全膜双垄沟播抗旱技术。西南玉米区：西南旱地玉米抗旱播种丰产技术	玉米机械化生产技术
2015	同2014年	同2014年

资料来源：根据农业部发布的各年的主推技术整理。

下面主要就表7-1中，2013年黄淮海地区和北方春玉米区的主推技术作简要概述。

玉米“一增四改”技术是一项简化夏玉米栽培，提高玉米产量的综合性技术，内容包括：合理增加种植密度；改种耐密型高产品种；改套种为平播；改粗放用肥为配方施肥；改人工种植为机械化作业。该项技术自2007年开始推广（赵久然，2011）至2015年已经有9年时间。

玉米的成熟需经历乳熟期、蜡熟期、完熟期三个阶段。若玉米还没有完全成熟就被收获，会缩短玉米淀粉积累时间短，造成灌浆不饱满，前期的肥水投入被浪费，品种的生产潜力没有被充分挖掘。夏玉米直播晚收高产栽培技术的技术原理在于适当晚收，增加玉米千粒重，玉米单产可增加50~100公斤/亩（田桂祥，2014）。所谓晚收，就是当玉米乳线消失，基部出现黑色层时，玉米完全成熟，此时玉米千粒重达到最高。当然，适时晚收要求在不影响小麦正常播种的前提下收获。

增加种植密度，选用耐密型品种是玉米高产的重要途径之一。玉米密植高产全程机械化生产技术以合理增加密度为基础，以全程机械化生产为手段。具体说，玉米的全程机械化生产技术要求玉米的耕整、播种、中耕除草防虫、施肥和收割脱粒都利用机械完成。在全程机械化的基础上，配合玉米密集等高产技术的应用，构成了近年来在春玉米产区的主推技术。密集高产全程机械化生产栽培技术能够充分利用机械化的优点，降低农民的劳动强度，提高作业效率，有效争抢农时，使玉米生育期提前，因此在理论上机械播种的玉米由于生长期得到延长，产量能够得到提升。

玉米膜下滴灌技术主要强调覆膜和滴灌。滴灌技术一方面能够省工省时，另一方面能够节水、节肥、节药；覆膜具有增温、增产、增效的功效。两者结合起来能够抗灾保产和旱涝保收等优点，是节水保产增产新技术。

玉米虫害主要有玉米螟（俗称钻心虫、箭杆虫）、黏虫、玉米蚜虫、蝼蛄和蛴螬等，但玉米螟危害最重。赤眼蜂属于卵寄生蜂，赤眼蜂防治玉米螟的技术原理是雌性赤眼蜂将其卵产在玉米螟卵上，在玉米螟卵内孵化期间，赤眼蜂幼虫吸

取玉米螟卵中的卵液，使玉米螟卵不能孵化成幼虫，最终消灭玉米螟。赤眼蜂是目前农作物生物防治应用范围最广的寄生性天敌昆虫之一，赤眼蜂防治玉米螟属于生物防治技术，由于不污染环境，且能够有效防治玉米螟，而成为“以虫治虫”的成功范例。玉米螟危害玉米在全国各地都可能发生，在玉米生长周期的不同时期都有危害。据统计，吉林严重发生年份产量损失高达20%左右（刘淑芳，2010）。综合有关研究结论，认为赤眼蜂防治玉米螟技术对玉米的增产效应从25公斤/亩～80.2公斤/亩不等（张玉杰，2014；董艳娟，2013；王殿明等，2015）。

第二节　样本农户玉米技术采用情况

一、夏玉米“一增四改”技术采用情况

自我国开始推行玉米“一增四改”技术以来，玉米栽培管理发生了很大变化。从样本数据看，“一增四改”五项分技术在各地都得到了大力推广，特别是玉米免耕贴茬直播技术，占调研农户总数的80.15%，采用率大大高于“一增四改”技术的其他四个分技术。说明在人工成本日益上涨的今天，对多数农户而言，轻简农艺技术较增产技术更容易推广，更容易被农民接受。玉米贴茬直播还有降低玉米粗缩病发病的风险，但同时可能缩短玉米的生长周期，因此既有增产效应又有减产效应。

另外一项具有提高劳动生产率，降低劳动强度的分项技术是玉米的机播机收。在该样本中，机械播种的比重较高，机械收割玉米的比重较低，播种和收割都采用机械方式的农户占总样本数量的52.62%。除了上述两项分技术属于轻简技术之外，余下的三项分技术：改耐密型品种、增加玉米种植密度和改传统施肥为合理施肥都具有一定的增产效应，这三项分技术分别占调研总样本数的

59.44%、46.77%和71.50%。

虽然采用各项分技术的样本农户比例不高，但各项分技术的推广面积却非常大，这是因为样本中少数农户种植面积特别大，而种植面积越大的农户，“一增四改”技术采用率越高。集成采用以上五项分技术的农户只有106户，占样本农户总数的12.91%，占夏玉米样本总面积的62.67%。

二、赤眼蜂防治玉米螟技术

样本数据反映夏玉米种植农户赤眼蜂防治玉米螟技术采用率为0，春玉米种植农户中的技术采用率为27.05%，但分析发现，所有赤眼蜂防治玉米螟技术采用农户都来自吉林，吉林使用赤眼蜂防治玉米螟技术的农户占样本总数的47.18%，占玉米总播种面积的52.75%。

表7-2列出了吉林样本县的技术采用情况，从表中可以发现，采用赤眼蜂防治玉米螟技术的农户具有集中性：靖宇县样本农户赤眼蜂防治玉米螟技术采用率为0，铁东县的技术采用率仅为6.25%，而双阳县和伊通县样本农户技术采用率却很高。不但如此，如果仔细剖析数据，可以发现各县技术采用（或不采用）的农户也具有群聚性，这些农户往往同属于一个村。

表7-2　吉林各县赤眼蜂防治玉米螟技术采用情况

市	县	未采用		采用	
		样本量	比重（%）	样本量	比重（%）
四平	伊通	8	15.69	43	84.31
	铁东	45	93.75	3	6.25
长春	双阳	3	6.12	46	93.88
白山	靖宇	47	100	0	0

三、其他技术

（一）免耕技术

夏玉米“一增四改”技术是综合性生产技术，其本身就是一项免耕技术，因此，此处着重分析春玉米。2013 年，玉米播种前对土地深耕的农户占各省的比重，吉林占 5. 64%，陕西占 69. 57%，甘肃占 35. 35%。实施旋耕的农户比重，吉林为 22. 05%，陕西为 100%，甘肃为 46. 47%。既未深耕又未旋耕的农户可视为免耕农户，春玉米中吉林玉米免耕技术应用最广，占比达到了 73. 33%。

（二）种子处理技术

样本总体中只有 14. 73% 的农户购买的是未经包衣的种子，春玉米和夏玉米差别较大，夏玉米样本农户中 96. 1% 的农户购买的是已经包衣的种子，而在春玉米种植农户只有 59. 12% 的农户购买的种子是经过包衣的。

从不同地区样本农户春玉米种子处理方面的特征看（见表 7 – 3），首先，从农户购买的种子是否有包衣来看，吉林 70. 77% 的农户购买的种子没有包衣，这并不代表农户未认识到种子包衣的好处，而是多数农户（94. 2%）更愿意自己对种子进行包衣处理。陕西和甘肃的样本农户绝大多数购买的玉米种子已经进行过包衣处理。其次，在选种方面，吉林农户更为谨慎，88. 21% 的农户会进行选种，甘肃有 35. 35% 农户进行选种，而陕西只有 6. 52% 的农户选种。最后，吉林有 69. 23% 的农户会在播种前进行发芽试验，而甘肃和陕西进行发芽试验的农户则很少。

表 7 – 3　样本农户春玉米种子处理特征

地区	是/否	购买的种子是否有包衣（%）		选种（%）	发芽试验（%）
			二次包衣		
吉林	否	70. 77	5. 80	11. 79	30. 77
	是	29. 23	94. 20	88. 21	69. 23
陕西	否	0	100	93. 48	97. 83
	是	100	0	6. 52	2. 17
甘肃	否	1. 01	100	64. 65	91. 92
	是	98. 99	0	35. 35	8. 08
小计	否	40. 88	6. 47	38. 24	57. 65
	是	59. 12	93. 53	61. 76	42. 35

比较北方玉米产区三个省区农户选种和对种子做发芽试验的数据不难发现，吉林农户选种和做发芽试验的比例要高于其他两省。由于吉林农户土地规模较大，兼业农户比例较低，所以他们在农业方面投入更多的精力。

（三）地膜覆盖

一般而言，春玉米播种期间地表温度较低，因此需要覆盖地膜。吉林 195 个春玉米样本中，无人覆盖地膜种植玉米；甘肃农户覆盖地膜比较普遍，94.95%的农户覆盖地膜种植玉米；陕西春玉米种植中 8.89%的农户覆盖地膜。

（四）机械化作业

玉米密植高产全程机械化生产技术是针对春玉米栽培而言的，但比较春玉米与夏玉米生产中的机械作业数据，却发现夏玉米比春玉米高。夏玉米机播比率为 81.73%，春玉米却只有 15.29%；夏玉米机械收获的占比为 59.81%，而春玉米中机械收获的比重仅为 10.88%。总体看，机械播种的比重高于机收比重。1161 个样本中，机械播种的农户样本比重为 62.27%，机械收获的农户样本比重为 44.79%。

分析北方产区不同省区玉米机械化水平的差异以及春玉米与夏玉米机械化水平的差异，根本原因在于我国的机械化播种和收割的精准化技术水平较之人工播种和人工收割的精准化水平低很多。机械化播种产生的问题可能是漏播和多播，造成出苗不齐。机械化收割造成的问题是产量损失，根据在河南和山东调研的数据反映，机械收割较人工收割产量的损失率在 5%～10%（据山东东明县的测算，认为玉米机收过程中，玉米籽粒破率＋籽粒损失率＋果穗损失率≥10%，2014）。吉林样本农户种植规模较大，外出就业机会较中原地区少，农业种植收入构成他们的重要收入来源，因此在玉米种植中精致细心，从购种、播种到收割，都显示出与夏玉米产区小规模，兼业化程度较高的农户的显著差异。

从河南和山东夏玉米受访农户对采收过程中的玉米损耗量的判断看，39.69%的农户认为损耗量≤5 公斤；21.65%的农户估计损耗量＞5 公斤＜10 公斤；23.45%的农户估计损耗量＞10 公斤＜25 公斤；10.57%的农户估计损耗

量 >25 公斤 <50 公斤；4.64%的农户估计损耗量 >50 公斤。当问及机械采收与人工采收哪种方式损耗量较多时，17.01%的农户表示不清楚，9.02%的农户表示两种方式相差无几，64.18%的农户认为机械采收损耗量较大，9.79%的农户认为人工采收损耗量大。玉米采收过程中的损耗量受玉米采收方式、雇工作业认真程度、玉米倒伏情况的影响。认为人工采收损耗量大的农户反映，自家玉米采取雇佣人工的方式采收，但无法时时监督雇工作业，常有无意或有意漏收的情形发生。认为机收损耗量大的农户反映，机械采收可能造成籽粒破碎，造成浪费，且种植品种穗位、茎秆粗细及秋后倒伏率都影响机械化收获效果（张大鹏，2014）；机械作业完一行后都要掉头，掉头时容易将边角处的玉米秆压倒，而机械无法对倒伏的玉米棒进行采收。机械采收质量不高是制约目前我国玉米机械化水平提高的重要因素。

（五）夏玉米直播晚收高产栽培技术

该项技术包括三个要点：直播、晚收、高产。总体看，玉米直播技术采用率较高，这在“一增四改”技术中已经进行了分析。不同玉米品种的生育期有一定的差异，且分析中无法获知所有品种的生育期，因此，难以准确判断农户玉米收获时是否属于晚收，这也是该项技术推广多年，但却没有该技术的统计数据的原因所在。根据调研中获取的玉米收获时间数据，粗略地估计该项技术采用率较低，这与曹国鑫（2015）对河北农户该技术的使用判断基本一致。农户对玉米成熟期的判断缺乏认识，样本数据反映，只有 18 个农户能够正确判断玉米是否成熟，即通过玉米出现黑层或者乳线消失判断，有个别农户表示不判断是否成熟，其余农户都是根据苞叶或茎秆颜色变化以及根据籽粒变干进行判断，这些农户占样本总数的 97.30%。样本数据反映，农户选择玉米收获时间最主要的原因是认为玉米已经成熟了，这部分样本占比为 90.70%，5.34%的农户看见别人开始收玉米了所以自己也收，0.69%的农户是趁着在外务工或者上学的家人在家时收玉米；有个别农户是因为担心玉米被盗而选择采收。

第三节　玉米技术采用影响因素分析
——以赤眼蜂防治玉米螟技术为例

一、模型构建

根据舒尔茨“理性经济人”理论，在一定约束条件下，农业生产者在利润最大化目标下做出生产决策行为。假设农户选用或不选用某项技术是以家庭效用最大化为基础所作出的决策，也就是说农户选用某技术或不选用是一个二元选择问题，如果 F(x，β）为标准正态的累积分布函数，则可建立 Probit 模型。

$$P(y=1|x)=F(x,\beta)=\phi(x'\beta)=\int_{-\infty}^{x'\beta}\phi(t)dt \tag{7-1}$$

如果 F(x，β）为逻辑分布的累积分布数据，则可建立如下 Logit 二元离散选择模型：

$$P(y=1|x)=F(x,\ \beta)=\Lambda(x'\beta)=\frac{\exp(x'\beta)}{1+\exp(x'\beta)} \tag{7-2}$$

Probit 模型和 Logit 模型都能够分析离散选择问题，在实证中究竟选择哪一种模型并没有特别明确清晰的定论。二者的主要区别在于，Probit 模型要求的误差分布为正态分布，而 Logit 模型的假设误差项服从逻辑分布。一般而言，如果实证数据不满足标准正态分布的条件，就采用 Logit 模型。因此，本书采用极大似然法（ML）估计 Logit 模型。

将式（7 -2）变形，可得下式：

$$\ln(\frac{p}{1-p})=\beta_0+\sum_{i=1}^{n}\beta_iX_i+v \tag{7-3}$$

式（7 -3）中，p/(1 -p）表示农户技术采用概率与不采用概率的发生比，Logit 模型的偏回归系数 β_i 表示自变量 x_i 变动一个单位所带来的对数发生比的改

变量，由于没有直接意义，一般地，我们将式（7-3）变换为如下形式：

$$odds = \frac{p}{1-p} = exp(\beta_0 + \beta_1 x_1 + \beta_2 x_2 + \cdots + \beta_n x_n + v)$$

$$= e\beta_0 \times e^{\beta_1 x_1} \times e^{\beta_2 x_2} \times \cdots \times e^{\beta_n x_n} \times e^{v} \quad (7-4)$$

式（7-4）e^{β_i}为发生比率（Odds Ratio），它表示自变量变动一个单位时，发生比变动的倍数。即自变量变动一个单位所带来的发生比变动的百分比为$(e^{\beta_i}-1)\times 100\%$，这对回归系数的解释较有意义。

二、变量选择的说明及描述性统计

由于样本数据中只有吉林农户采用赤眼蜂防治玉米螟技术，因此，本部分只就吉林195个样本农户数据进行分析。

研究技术采用与否的文献很多，多数专家和学者在分析中都会用到Logit或Probit模型，并且在分析中普遍都会用到农户的人口统计学变量（如年龄、性别、受教育年限、是否村干部、是否兼业等）和家庭资源禀赋变量（如土地规模，家庭劳动力数量等），这在第一章导论部分已经进行了分析，在此不再一一罗列。本书也将这些变量纳入分析，此外还增加了一些其他变量。

拥有电脑的农户家庭总体上接受新事物的程度要高于非电脑拥有农户，这里将其作为农户更愿意接受新事物的替代变量。家庭拥有的小汽车数据反映了家庭的收入水平，因为这一指标比直接询问农户家庭年均纯收入和家庭拥有的财产数更真实。农户是否参保反映了农户对农业收入的关注程度，作为自变量也参与模型估计。以上因素都可归类为农户技术需求因素，除考虑农户技术需求因素可能影响技术采用外，还需要考虑技术的供给也可能影响技术采用，在此引入县域虚拟变量，也就是将地点作为技术供给因素、环境因素及技术自身适应性特征的替代变量。各变量的界定、含义其描述性统计如表7-4所示。

描述性统计结果发现，赤眼蜂防治玉米螟技术在样本农户中采用率不足一半；样本农户平均年龄为52.18岁；绝大多数户主为男性；66.15%的农户为纯农业户；平均受教育年限为7.56年，初中文化程度的农户占总样本量的

46.10%；村干部在总样本中的比例为11.28%；农户种植玉米的平均面积为20.94亩，玉米种植面积小于5亩的占总样本农户的4.1%，大于50亩的占比为5.13%；29.74%的农户家庭拥有1台或1台以上电脑，9.74%的农户家庭拥有小轿车，参保的农户比重为56.92%。

表7-4　赤眼蜂防治玉米螟技术采用变量定义及描述性统计

变量名称	变量含义	单位或变量界定	均值/选择统计	标准差
Tech	是否为技术采用户	0=否，1=是	否=103，是=92	0.5005
Age	年龄	年	52.18	10.0886
Education	受教育年限	年	7.56	3.1687
Nlabor	家庭劳动力数量	人	2.47	0.8076
Gender	性别	0=女，1=男	女=8　，男=187	0.1989
Leader	是否村干部	0=否，1=是	否=173，是=22	0.3172
Chijian	是否是专职农户	0=否，1=是	否=66，是=129	0.4744
Lands	是否小规模农户	0=否，1=是	否=148，是=47	0.4288
Landm	是否中等规模农户	0=否，1=是	否=97，是=98	0.5013
Landh	是否大规模农户	0=否，1=是	否=145，是=50	0.4378
Computer	家庭是否拥有电脑	0=否，1=是	否=137，是=58	0.4583
Car	家庭是否拥有小汽车	0=否，1=是	否=176，是=19	0.2973
Insurance	是否参加农业保险	0=否，1=是	否=171，是=24	0.4965
County1	是否在靖宇县	0=否，1=是	否=148，是=47	0.4288
County2	是否在双阳县	0=否，1=是	否=146，是=49	0.4349
County3	是否在铁东县	0=否，1=是	否=147，是=48	0.4319
County4	是否在伊通县	0=否，1=是	否=144，是=51	0.4406

三、实证结果

此部分应用Stata 13对模型进行处理，在处理过程中加入不同虚变量观测模

型结果及概率预测的准确度，表 7－5 将几种情况一并列出，列出的全部情况均是依据稳健标准误进行的 Logit 估计结果。

表 7－5　赤眼蜂防治玉米螟技术采用影响因素实证结果（稳健估计）

变量	模型 1		模型 2		模型 3		模型 4(pr＝0.2) 逐步回归法	
	Coef.	z	Coef.	z	Coef.	z	Coef.	z
Age	0.0767***	3.95	－0.0661	－1.33	－0.0355	－0.93	—	—
Education	0.0049	0.08	0.0097	0.11	0.0314	0.38	—	—
Nlabor	－0.0850	－0.39	－0.6409	－1.57	－0.6616	－1.64	－0.6795*	－1.88
Gender	－0.6359	－0.84	0.2701	0.23	0.4442	0.46	—	—
Chijian	0.0057	0.01	1.8029**	1.96	1.4159	1.53	1.1166	1.50
Lands	－2.3501***	－4.34	－2.4298*	－1.72	－1.3383	－0.88	－1.9270	－1.58
Landm	－0.7736*	－1.81	－2.8165	－3	－2.1971***	－3.13	－2.4280**	－2.82
Computer	0.5532	1.39	－0.7651	－0.7	－0.4128	－0.49	—	—
Car	1.1714**	2.20	0.6042	0.71	0.9515	1.27	1.0984*	1.78
Insurance	1.3884***	3.86	1.8570**	2.15	0.6892	0.87	—	—
County1	—	—	0.0000	(omitted)	—	—	—	—
County2	—	—	1.0549	1.23	7.3700***	6.33	7.2941***	7.25
County3	—	—	－4.7333***	－3.50	—	—	—	—
County4	—	—	—	—	6.4504***	4.66	6.2065***	5.70
_cons	－3.5233***	－2.45	6.9782***	1.84	－1.2176	－0.53	－1.5338	－1.30

注：***表示在1%的水平上显著、**表示在5%的水平上显著、*表示在10%的水平上显著。

模型 1 采用农户微观因素（主要反映技术需求）作为自变量进行分析，如表 7－5 所示，模型显示年龄、玉米种植规模、是否参加农业保险在 1% 的显著性水平上通过检验，家庭是否拥有小汽车则在 5% 的显著性水平下通过检验。此时 Pseudo R^2 等于 0.2089，似然比检验统计量为 49.31，伴随概率小于 0.0000，预测的准确率为 69.74%。看起来模型 1 对赤眼蜂防治玉米螟技术采用影响因素的分析估计是较为理想的。

但是只考虑技术需求因素是不合理的，模型2既引入农户微观因素又引入县域虚变量作为自变量。由于调研了四个县，因此理应引入三个虚变量。当引入的虚变量为County1、County2、County3时，估计结果窗口显示County1的估计系数为0，方差无法估计；而当引入的虚变量为County2、County3、County4时，标准误数值近2000，若采用稳健标准误估计则显著减小，说明模型设定有偏误，参数检验失效。原因是County1中没有农户采用赤眼蜂防治玉米螟技术，也就是说数据没有变异，因此在包含常数项的同时引入County1，出现了完全的多重共线性；而当引入County2、County3、County4时，仍存在County1与常数项同时存在的问题。表7-5中仅列出了引入虚变量为County1、County2、County3时的情况。

模型3考虑到了该样本数据的特殊性，模型应只能包括常数项和后面三个县虚变量中的两个，或删除常数项时包括所有三个虚变量。将County3看作与County1具有相同截距的虚变量比较合理，从而只引入County2和County4两个县域虚变量。估计结果显示，除了County2和County4两个虚变量显著外，中等规模农户技术采用在1%的水平上显著，其他自变量都不显著。各项评价指标反映模型3的拟合优度较好。

模型4在模型3的基础上采用逐步回归法，估计结果显示，除了以上两个县域虚拟变量通过检验以外，玉米种植规模、家庭劳动力数量和拥有小轿车数对技术采用也有显著性影响。估计结果表明，County2和County4县域虚变量对赤眼蜂防治玉米螟技术采用有正向影响，在1%的水平上显著。这表明County2和County4两县农户采用赤眼蜂防治玉米螟的概率高于County1和County3两县。玉米种植规模对赤眼蜂防治玉米螟技术有正向影响，中等规模和小规模农户较大规模农户技术采用率低。具体说，中等规模农户选择赤眼蜂防治玉米螟技术的发生比率是大规模农户的0.0882倍。家庭收入对技术采用有正向影响，可能的原因是收入越高的农户对生物技术越偏好，具体而言，高收入农户家庭选择赤眼蜂防治玉米螟技术的发生比率是普遍农户家庭的2.99倍。家庭劳动力数量越多，赤眼蜂防治玉米螟技术的采用概率越低。

模型3和模型4的拟合优度都较高，如表7-6所示。但该技术的特性决定了农户微观因素对技术是否采用影响不及技术供给显著，根据这一特点和 AIC、BIC 准则，本书认为模型 4 优于模型 3。

表 7－6　模型 3 和模型 4 拟合优度比较

指标	模型 3	模型 4
N	195	195
Wald chi2 (12)	65.2800	60.0300
Prob > LR	0.0000	0.0000
Pseudo R^2	0.7134	0.7062
AIC	103.2898	95.2439
BIC	145.8388	121.4279
Correctly classified	93.33%	92.31%

四、技术特性对技术采用的影响分析

为什么不同县域之间的技术采用率会出现要么多数人采用，要么多数人不采用的情况呢？本书认为，主要原因是赤眼蜂防治玉米螟的技术特性在起作用。

根据技术侧重解决的问题，农业技术可以分为很多类。解决作物病虫害的技术主要分为生物技术和化学技术。防治玉米螟既可以采用化学药剂的方式，也可以采用生物技术。赤眼蜂防治玉米螟技术对环境有较大的外部性。如果只有一个农户使用时，虽然能收到一定的效果，但相邻（8～10 米范围内）农田的玉米螟会传播到自己农地中，而自己投放的赤眼蜂又会到别人的农田中，而且由于相邻农田采用农药灭虫时，可能将赤眼蜂一同灭杀。换句话说，农户自己一个人采用该技术时，效果并不好，所有农户都采用这一生物技术时，才会有好的成效。因此，植保专家指出，赤眼蜂防治玉米螟技术要统一时间，统一行动，乡与乡、村与村要联合防治，做到集中连片大面积放蜂。面积越大，防治效果越好；放蜂年头越多，效果越好。作为农技推广中心则要加强领导，精心组织，统一购买蜂卡，统一投放蜂卡，连片防治。此外，该技术的要点之一是须确定最佳防治时间，保证赤眼蜂与玉米螟卵相遇，一般要求在玉米螟化蛹率达20%时，向后推10天时间开始第一次放蜂，隔5～7天后再放第二次蜂。没有农技推广部门或植保专家的虫情监测和预报，普通农户很难知道应该在什么时候投放赤眼蜂。可见，赤眼蜂防治玉米螟技术的采用不仅取决于农户的技术需求，技术供给起到了很重要的决定性因素。此外，赤眼蜂防治玉米螟技术能够省工省力，减少农药施用次数，因此土地面积越大，减少的农药成本和劳动力成本越多，规模经济越能够得到体现。也就是说，玉米种植规模对技术采用有正向影响作用。本书实证模型验证了以上两个结论。

弗兰克·艾利思（1992）指出，良种属于土地扩大型技术进步，由于种子与化肥、灌溉一样在产出范围内可以无限细分，因此，良种是“规模中性”的。不同于良种，农业机械化技术（劳动节约型技术），由于农业机械的不可分性，因此，机械化技术具有规模偏向性。赤眼蜂防治玉米螟技术中的赤眼蜂蜂卡介于种子的无限细分和农机的不可分，但更接近于无限细分，若仅以技术投入要素的可分性判定，可以认为赤眼蜂防治玉米螟技术是“规模中性”的。但正如前所述，实证研究的结果表明，赤眼蜂防治玉米螟技术具有规模偏向性，主要的原因在于生物技术本身的外部性。

这样看，在前述模型4中，把县域虚变量和农户微观变量一同放入模型时，经过Stata逐步回归之后，很多农户微观变量都被剔除，而只有县域虚变量、农户种植规模、家庭拥有汽车数三个变量得以保留。

大多数农业技术农户是分散决策就可以收到良好效果的技术，对于这一类技术而言，在用Logit模型或Probit模型分析技术采用时，同一省域范围内，技术供给水平都可以假设是一致的，此时，技术采用与否主要由技术需求决定，因此采用模型1的方式就可以达到目的，不需要在模型中增加县域虚变量以反映技术供给水平。此外，实证模型的构建过程说明，需要对研究对象有足够的了解，建立的模型才是可信的，完全通过软件得出的结果以判断模型的优劣有时会犯错误。

第四节　本章小结

我国自 2004 年以来，农业部每年都会定期发布包括主要粮食作物在内的农产品主导品种和主推技术。2008 年以后，玉米主推技术不断细化，且技术推广的连续性得到增强。我国于 2011 年开始提出农作物的机械化生产技术，就玉米而言，涉及的农机技术主要是精量播种的机械化技术和玉米收获机械化技术。

三个春玉米种植省区相比较，农户玉米技术采用具有以下特点：第一，吉林样本农户户均面积最大，免耕作业水平高。样本数据显示，2013 年吉林免耕玉米面积达 1597.97 亩，占农户样本地块总面积的 73.33%。赤眼蜂防治玉米螟技术采用农户集中在吉林，吉林的技术采用率为 47.18%，但该项技术的采用具有群聚性，个别县采用率为 0，部分县的采用率很高。吉林农户对种子处理最为细致，部分农户对种子进行二次包衣处理，且有近 70% 的农户在播种前进行发芽试验。第二，甘肃样本农户覆膜技术采用率最高，机械化水平最低。第三，陕西样本农户机械化水平最高，户均玉米种植面积最小。

自我国开始推行夏玉米“一增四改”技术以来，玉米栽培管理发生了很大变化。从样本数据看，“一增四改”五项分技术在各地都得到了大力推广，特别是玉米免耕贴茬直播技术，占调研农户总数的 80.15%。玉米贴茬直播既能够降低玉米种植中的耗费的劳动力，还能够降低玉米粗缩病发病的风险，延长玉米的生长周期，因此该分项技术既属于增产技术又属于轻简栽培技术。玉米的机播机收能够提高劳动生产率，降低劳动强度，播种和收割都采用机械方式的农户占总样本数量的 52.62%。余下的三项分技术：改耐密型品种、增加玉米种植密度和改传统施肥为合理施肥都具有一定的增产效应，这三项分技术分别占调研总样本数的 59.44%、46.77% 和 71.50%。集成采用以上五项分技术的农户只有 106 户，占样本农户总数的 12.91%。总体说，“一增四改”的分项技术采用率较高，但作为一个整体，其技术的到位率较低。五个夏玉米种植省区相比，山东和安徽“一增四改”技术的集成采用率最低，河北最高。

根据玉米苞叶、茎秆颜色变化以及籽粒变干判断玉米成熟的农户占97.30%，也就是说绝大多数农户不能科学判断玉米是否已经成熟，有个别农户表示不判断是否成熟，看见别人开始收玉米了所以自己也收。

本部分基于调研所得吉林农户数据，采用 Logit 模型对农户赤眼蜂防治玉米螟技术采用的影响因素进行分析发现：就这一技术而言，农业技术供给因素对农户技术采用有决定性影响，同时，玉米种植规模对技术采用也有显著的正向影响。这是因为：第一，赤眼蜂防治玉米螟的技术特性决定了该技术的采用不仅与微观农户技术需求有关，也与技术供给有密切关系。第二，玉米种植面积越大，农户采用此技术的概率越高，具体说，大规模农户选择赤眼蜂防治玉米螟技术的发生比率是中等规模农户的 2.73 倍。第三，家庭拥有的汽车数对技术采用有正向影响，可能的原因是收入越高的农户对生物技术越偏好，具体而言，高收入农户家庭选择赤眼蜂防治玉米螟技术的发生比率是普遍农户家庭的 2.46 倍。事实上，赤眼蜂防治玉米螟技术前期需要培育寄生卵，对玉米螟虫情进行监测和预报，后期还涉及运输、分发、技术指导等活动，是一项系统性、多环节衔接的链条式服务，服务对象又是小规模农户，没有一定的资金支持和各级领导的重视，是很难完成的。因此只有通过加大农技推广力度拓宽技术供给面才能有效实现赤眼蜂防治玉米螟技术的推广。

第八章　农户玉米主要技术采用增产效应——以夏玉米“一增四改”技术为例

如前所述，玉米生产技术包括很多，如玉米的测土配方施肥技术、玉米地膜覆盖技术、雨养旱作技术、通透栽培技术等，由于能力所限，无法对所有技术进行研究，因此，本章以夏玉米“一增四改”技术为例，分析玉米主要技术采用的增产效应。

2007 年以来，农业部在夏玉米产区持续推广“一增四改”技术（赵久然等，2011），该技术既涉及良种又涉及良法的推广，具有简化夏玉米栽培，提高玉米单产的性质，是一种综合性增产技术，定性和定量的结论都已有由农学专家给出。但这些结论的得出基于的是技术完全采用与完全未采用之间的区别，而现实中多数农户已使用了其中一项或多项分技术，因此此处着重分析技术集成采用与非集成采用之间的区别。同时，如果不考虑数据平衡性，例如，在集成采用组的土壤肥力更高或农户有更丰富的种植经验等客观因素作用下，将技术集成采用组与非集成采用组的产量差异简单归结为技术效应不够科学。出于以上这些考虑，本章从农户层面出发，以“一增四改”为例，用倾向值匹配法（Propensity Score Matching，PSM）处理技术采用中的内生性问题，从而回答夏玉米增产潜力问题。

第一节　倾向值匹配法在农业经济领域的应用

术语“倾向值”（Propensity Score）首次出现在 Rosenbaum 和 Rubin 于 1983 年发表的一篇文章中，随后该方法在医学、社会学和心理学，经济学领域以及各种项目评估分析中被广泛采用。

目前，倾向得分匹配法已经在农业经济领域得到越来越多的应用，Mariapia Mendola（2007）指出，技术的采用不是随机分配的，而是农户自选择的结果，通过倾向值匹配法将孟加拉农户良种采用的减贫因素分离出来，选取了户主性别、年龄、年龄的平方项、宗教信仰、受教育程度、耕牛数量、耕地面积、可灌溉面积、地块数等变量作为协变量，研究表明推广农业技术有助于减轻贫困。Zingiro A.，Okello J. J.，Guthiga P. M.（2014）则应用倾向得分匹配法，选取了年龄、性别、是否参加培训、教育年限、家庭人口数、土地能否灌溉、务农经验累积年限等协变量分析了雨水收集技术对卢旺达农户家庭收入的影响，认为雨水收集池对农户有显著的增收效应。Wu H.，Ding S.，Pandey S.（2010）等选取了家庭人口数、户主年龄、性别、教育、家庭劳动力比重、土地面积、坡地比、可灌溉耕地比等协变量，应用倾向值匹配法评价了我国云南农户改良陆稻技术采用对农户福利的影响。Edward Martey，Alexander N. 和 Wiredu 等（2015）应用倾向值匹配法分析了加纳农业生产信贷对技术效率的影响，指出信贷的提供增强了农户购买农资的时效性，有效地分配了要素投入，以实现最大化的产出。

我国目前采用该方法分析的文献还比较有限，陈玉萍、吴海涛（2010）等采用倾向值匹配法分析了云南农户采用改良陆稻技术对农户收入的影响，并指出改良陆稻技术采用的效应随时间而递减，比较倾向值匹配法与描述性统计分析，后者会高估技术采用的效应。郭君平、吴国宝（2014）采用该方法，选取了农户家庭抚养系数、农户人均收入、农户人均生活消费支出、农户对饮水状况满意度、

取水来回所需时间、所在村是否水窖项目实施村等为匹配变量，分析了陕西、甘肃、广西和贵州“母亲水窖”对干旱地区农民非农就业的影响，研究认为“母亲水窖”项目能够有效释放剩余劳动力。甄静、郭斌等（2011）应用倾向值匹配法，选取了退耕还林面积、家庭规模、户主年龄、年龄平方、受教育水平、是否是村干部、与最近乡镇的距离、道路情况、土地类型等作为协变量，分析了四川、江西、河北、陕西、山东和广西6省区2004年和2006年退耕还林项目对农户收入的增加效应，指出退耕还林的增收效应呈现出一种倒“U”形变化趋势。潘丹（2014）利用1059个农户样本，选取了年龄、性别、受教育年限、村干部或者党员、自评健康、耕地面积、家庭负担系数、村劳动力参加农业、培训比例、村经济发展水平、村非农就业程度等变量作为匹配变量，使用倾向值匹配法估计了农业技术培训对农村居民收入的影响，研究认为，为充分发挥农业技术培训对农民收入增长的促进作用，应帮助和鼓励那些能力和技能水平偏低的农村居民参加农业技术培训。李想（2014）选取了户主年龄、户主文化程度、是否村干部、户主兼业、技术风险类型、务农劳动力数量、家庭总收入、种植规模、与村民交流、获得技术信息渠道、加入合作社、农技人员指导、参加培训、政府推广、与市场距离、环境影响认知等变量作为协变量，用倾向值匹配法分析了技术采用对农业生产技术效率的影响，结果表明无论采用哪一种匹配法，集成采用可持续生产技术对农户技术效率都表现出显著的正向效应。

总体看，倾向匹配得分法在解决农户收入水平决定的内生性问题处理上有重要作用，但对于农业技术采用对农作物产量影响方面的研究尚少。

第二节 变量与模型

一、变量选择

2014年6~7月项目组采用面对面的访谈形式，调研了山东、河北、河南、安徽和陕西5个省的粮食生产栽培各细节，涉及夏玉米生产的有19个县，剔除青贮玉米种植农户后，有效问卷821份。调研并不是直接询问农户是否使用了玉米“一增四改”技术，因为有些农户虽然实际上使用了，但可能对技术名称并不关心，也不清楚。因此，项目组详细调研了农户整个玉米栽培过程中的细节，例如，玉米品种、播种量、留苗密度、播种方式、收获方式、播种时间及收获时间、施肥量及肥料种类等。最后根据“一增四改”技术内涵及《2013年农业部主导品种和主推技术》对农户是否使用了该项技术进行界定。

将农业经济领域内应用倾向值匹配法的文献归纳起来，如前所述，大多是技术采用对农户家庭收入或福利的影响评价，也就是说，这些研究中的结果变量都是收入变量。但根据笔者实际调研经验，对农户收入数据的调研由于受受访者防范心理的影响，通常并不真实，特别是在我国，农民兼业化现象普遍，非农收入占据了农户家庭收入的重要甚至是绝大部分。且农业技术对农户家庭收入的提高，要么源于技术提高了农产品产量，要么源于技术使得生产成本降低。而“一增四改”技术对玉米生产的影响主要是提高了产量，而非节约了成本。因此，本书将结果变量确定为技术采用后的直接效果，即玉米产量。

从农学角度看，影响玉米单产水平的因素众多，但主要包括以下几点：种植密度、品种、土壤肥力及施肥、灌溉、栽培管理及收获期。由于“一增四改”技术是一项综合性技术，它涉及提高玉米单产水平的各个方面。比如，一个农户如果采用了“一增四改”技术，则同时也就满足了玉米栽培对品种的要求，对种植密度的要求，对施肥的要求。本书将一个省的农技推广力度视作同等水平，因此引入地区虚拟变量作为技术供给层面的替代变量。除了农户的主观能动性之外，土壤肥力的不同决定了相同的品种、施肥、灌溉和栽培管理能否有更高的产出，因此将土壤肥力作为协变量之一。此外，影响夏玉米产量的一个重要而常常被忽略的因素还有收获期，按理说应将其作为协变量放入模型，但样本数据反映98%以上的农民不是根据玉米乳线消失或出现黑层判断玉米的是否成熟，因而在此样本中不将玉米收获期作为影响产量的重要因素。

根据倾向得分模型协变量选择的三个原则：第一，既与参与变量有关又与产出结果有关的变量都应该包括在模型中；第二，不应包含与参与变量有关，而与产出结果无关的变量；第三，应包含与结果变量有关，与参与变量无关的变量（Brookhart 等，2006）。农户是否参加农业保险、人口统计学特征及其资源禀赋对技术采用和玉米产量都有直接或间接的影响，其他变量，如土地能否浇灌、土壤肥力、是否遭受严重病虫害可能对技术采用与否并没有直接关系，但这些变量对玉米产量（结果变量）有影响，因此也作为模型的协变量在处理组和控制组之间进行匹配。综上所述，本书将协变量确定如表 8－1 所示。

表 8－1 变量含义及其描述性统计

变量名称	变量含义	单位或变量界定	均值/选择统计	标准差
Yield	单产	公斤/亩	518.52	85.2885
Ctech	是否集成采用技术	0＝否；1＝是	否＝715，是＝106	0.3355
Age	年龄	年	55.04	10.1615
Education	受教育年限	年	8.13	3.1070
Landarea	土地面积	亩	50.67	425.7236
Nlabor	家庭劳动力数量	人	2.82	1.1080
Fertility	土地肥力特征	1＝好；2＝中；3＝差	1.53	0.5888
Computer	家庭是否拥有电脑	0＝否，1＝是	0.50	0.5003
Leader	是否村干部	0＝否；1＝是	否＝630，是＝191	0.4228
Insectatt	是否遭受严重病虫害	0＝否；1＝是	否＝637，是＝184	0.4173
Insurance	是否参加农业保险	0＝否；1＝是	否＝387，是＝434	0.4995
Farmer	是否纯农业户	0＝否；1＝是	否＝313，是＝508	0.4860
Rent	土地是否租入	0＝否；1＝是	否＝650，是＝171	0.4063
Irrigation	土地能否浇水	0＝否；1＝是	否＝53，是＝768	0.2459

对于每个农户而言，他有两种潜在的产出：Y_1——采用新技术后的农作物产量；Y_0——未采用新技术的农作物产量。但在现实中，每个农户要么采用了技术，要么没有采用，因此无法既观察到农户技术采用后的产量，又观测到他没有

采用技术时的产量。此外，技术是农户自选择的结果，因此难免会出现对比过程中的选择性偏差。而且影响农户技术选择的因素可能也影响作物产量。比如教育程度，通常教育程度越高的农户接受新技术的可能性越高，同时，他们在生产中的各个环节，实施该项技术也越容易到位，产量水平越能够有所保障。当我们在比较技术采用农户与未采用农户在农作物产量水平的差异时，如果简单地通过描述性统计方法，很可能出现偏差。因为处理组（技术采用组）和控制组（技术未采用组）除了在技术采用上有差异之外，在土壤肥力、在认知水平上等都存在差异。如何让两组农户成为可比的，可以通过倾向值打分，将多维变量转换成一维，把得分相对一致的农户放在一起对比。

从理论上说，用 PSM 方法分析农户技术采用的产量效应，应将技术采用户与未采用户进行对比，但本书样本数据中，一项技术都未采用的农户样本数量很少，用这些数据无法完成“一增四改”技术采用的产量效应分析。因此本书将集成采用“一增四改”技术的五项技术的农户作为处理组，将其余采用了 1 项至 4 项技术的农户作为控制组。这样一来，本章的研究目的就不再是“一增四改”技术的产量效应，而是“一增四改”技术集成采用的产量效应。

二、模型

倾向得分法需要满足两个假设：第一，条件独立假设，即要求在控制了协变量时，产出变量与“参与项目”无关；第二，重叠假设，这一假设排除了分布在倾向得分值尾部的农户个体样本，从而提高了匹配质量（陈强，2014）。

农户是否集成采用“一增四改””技术是其自身特征变量决定的。因此，倾向得分定义为在给定样本特征的情况下，农户集成采用“一增四改”技术的条件概率，即：

$$p(X) = pr[T = 1 | X] = E[T | X] \quad (8-1)$$

式（8 - 1）中，T 表示一个指示函数，如果农户集成采用“一增四改”技术，则 T = 1，未集成采用，则 T = 0。因此，假设其倾向得分已知，对于第 i 个农户而言，则集成采用“一增四改”技术对农户产量的影响为：

$$ATT = E\{E[Y_{1i} \mid T_i = 1, p(X_i)] - E[Y_{0i} \mid T_i = 0, p(X_i)]\} \tag{8-2}$$

式（8－2）中，Y_{1i}表示第 i 个农户在集成采用“一增四改”技术时的产量水平，Y_{0i}表示第 i 个农户未集成采用“一增四改”技术时下的产量水平。

在此过程中需要进行数据平衡，数据平衡后需要计算标准化偏差，标准化偏差的计算公式为：

$$\frac{\bar{x}_{treat} - \bar{x}_{control}}{\sqrt{\frac{(s^2_{x,treat} + s^2_{x,control})}{2}}} \times 100\% \tag{8-3}$$

标准化偏差的绝对值越小表明数据平衡性越好。一般要求该值不超过 10%（陈强，2014），这说明数据是平衡的，控制组与处理组可以进行比较。如果超过，需要回到第一步重新估计倾向得分或者选用其他匹配方法。而匹配后与匹配前的标准化偏差减少幅度值越大，说明两组样本在匹配前不能直接比较，匹配后可以。

根据匹配后样本计算平均处理效应。为检验估计效果的稳健性，一般会采取多种方法进行匹配。为了克服潜在的小样本偏误对研究结论的影响，目前研究通常采用自抽样法求得相关统计量的标准误。遵循这一方法，本书通过 200 次自抽样获得 ATT 的标准误。

第三节　实证分析

一、样本农户特征描述

样本农户中 96.71% 的户主为男性，且多数同时也为受访者，户主平均教育年限为 8.13 年，以初中文化程度为主，26.55% 的受访者受教育年限低于等于 6 年，49.09% 的户主受教育年限介于 6～9 年。受访者平均年龄 55.04 岁，呈老龄化，其中70.52%的户主年龄大于等于50岁，年龄小于等于40岁的农户只占样本总数的8.89%，年龄介于40～50岁的受访者比重为20.58%。样本农户属于典型的小规模经营者，76.25%的受访者未租用土地，他们的玉米播种面积的平均值为6.60亩，而参与土地流转的农户的玉米播种面积均值为192.15亩。大部分土地都可以浇水，这一比例为93.87%；有22.42%的农户的玉米受到严重的病虫害侵袭；50.30%的农户家庭没有电脑；52.86%的农户参加了农业保险；家庭劳动力数量平均为2.82人。

表8－2列出了技术采用农户与未采用农户各变量的显著性差异检验结果。从单产水平看，两组农户之间有显著性差异。不过，由于技术采用农户与未采用农户在年龄、土壤肥力、是否纯农业户及家庭劳动力数量方面虽没有显著差异；但在是否村干部、玉米种植面积、土地是租用还是自有、家庭拥有的电脑数、教育程度和农户是否参加农业保险等变量上存在显著差异。可见，数据是不平衡的，此时，无法将两组农户的单产水平的差异归因于技术采用。换句话说，直接比较两组数据的单产差异就试图说明所有的产量差异是“一增四改”技术引致的并不科学。

表8－2　技术采用与未采用农户之间的变量显著性差异

变量	技术未采用户	技术采用	两组均值之差	T值
Yield***	512.73	557.59	-44.87	-5.81
Age	55.22	53.85	1.37	1.49
Education*	8.05	8.63	-0.58	-1.75
Landarea***	15.86	285.50	-269.65	-6.22
Nlabor	2.82	2.86	-0.04	-0.33
Fertility	1.54	1.45	0.10	1.51
Computer***	0.47	0.67	-0.20	-4.01
Manager*	0.22	0.31	-0.09	-1.89
Insectattack	0.22	0.26	-0.05	-1.01

续表

变量	技术未采用户	技术采用	两组均值之差	T 值
Insurance ***	0.51	0.66	-0.15	-3.03
Farmer	0.61	0.65	-0.04	-0.74
Rent **	0.19	0.33	-0.14	-2.90
Irrigation ***	0.93	0.99	-0.06	-4.67

注：*、**、***分别表示在10%、5%、1%置信水平上具有统计显著性。

二、模型估计结果

采用倾向得值匹配法对研究对象进行分析时，重点关注的指标是平均处理效应及其显著性。本书选取了 k 近邻匹配法（K - nearest Neighbor Matching Method）、半径匹配法（Caliper Matching Method）、卡尺内的 K 近邻匹配和核匹配法（Kernel Matching Method）进行匹配分析玉米“一增四改”技术的增产效应，平均处理效应如表 8-3 所示。

应用 Bootstrapping 法检测“一增四改”技术集成采用的产量效应的统计显著性和标准误，结果表明，无论采用哪一种方法，技术的产量效应都为正，并且所有匹配方法的 ATT 的自助标准误都在 5% 的显著性水平下通过 Z 检验。说明不论采用何种匹配方法，技术采用农户与未采用农户之间的产量存在显著性差异。将各种方法估计的 ATT 进行平均，平均处理效应为 35。

表 8-3 不同匹配方法平均处理效应

匹配方法		平均处理效应		匹配样本数		样本损失率（%）
		ATT 值	自助标准误（breps = 200）	处理组	控制组	
有放回 K 近邻匹配	k = 2	39.51 ***	12.99	99	702	2.44
	k = 3	39.85 ***	12.25	99	702	2.44
	k = 4	35.11 ***	10.65	99	702	2.44

续表

匹配方法		平均处理效应		匹配样本数		样本损失率（%）
		ATT 值	自助标准误（breps = 200）	处理组	控制组	
半径匹配	0.01	30.71 ***	9.10	96	687	4.63
	0.005	32.93 ***	9.45	93	665	7.67
	0.001	26.79 **	11.19	89	437	35.93
卡尺 0.01 内 1 对 K 匹配	k = 3	37.21 ***	12.22	95	698	3.41
	k = 4	33.37 ***	11.82	95	698	3.41
卡尺 0.005 内 1 对 K 匹配	k = 3	40.35 ***	11.68	93	678	6.09
	k = 4	36.28 ***	11.09	93	678	6.09
卡尺 0.001 内 1 对 K 匹配	k = 3	37.32 **	13.87	89	443	35.20
	k = 4	33.21 **	13.19	89	443	35.20
核匹配，带宽为 0.6		31.33 ***	8.43	96	646	9.62

一般而言，半径值设得越小，样本损失率越大，因此，在半径从 0.01 变到 0.005，再变到 0.001 后，样本损失率从 4.63% 上升到 7.67%，继而上升到 35.93%。样本损失率最低的是卡尺 0.01 内的 1 对 K 匹配；最高的是半径为 0.001 内的半径匹配法，尽管此时样本损失率较高，但损失时可以匹配的样本量仍达到 526 个。

样本数据在匹配前 Pseduo R^2 为 0.146，P 值为 0.0000，匹配后 Pseduo R^2 明显降低，P 值升高，说明数据经平衡后，各变量在技术集成采用组与非集成采用组没有系统性差异。样本数据在匹配前平均标准偏差为 22.6%；不论应用何种匹配方法，数据在匹配后平均标准偏差都有大幅度减少（见表 8 - 4）。减少幅度最大和减少幅度最小的分别是核匹配和有放回的 K（k = 2）近邻匹配法，其总体平均标准偏差分别为 3.1% 和 6.6%，都小于 10% 的要求。这表明应用倾向值匹配法后，数据平衡性较好，平均处理效应的估计是比较合理的。

表 8 - 4 不同匹配方法匹配质量检验

指标			Ps R^2	p > chi2	MeanBias	MedBias
匹配前			0. 146	0	22. 6	20. 6
匹配后	有放回 K 近邻匹配	k = 2	0. 019	0. 995	6. 6	6. 7
		k = 3	0. 010	1. 000	4. 6	3. 6
		k = 4	0. 011	1. 000	4. 3	3. 8
	半径匹配	0. 01	0. 006	1. 000	3. 3	2. 7
		0. 005	0. 006	1. 000	3. 5	3. 2
		0. 001	0. 012	1. 000	3. 8	3. 6
	卡尺 0. 01 内 1 对 K 匹配	k = 3	0. 010	1. 000	3. 9	2. 5
		k = 4	0. 010	1. 000	3. 9	2. 7
	卡尺 0. 005 内 2 对 K 匹配	k = 3	0. 009	1. 000	3. 8	2. 9
		k = 4	0. 009	1. 000	3. 3	1. 6
	卡尺 0. 001 内 3 对 K 匹配	k = 3	0. 014	1. 000	4. 9	5. 2
		k = 4	0. 014	1. 000	4. 3	3
	核匹配	带宽为 0. 06	0. 012	1. 000	3. 1	2. 7

为进一步检查数据的平衡性，图 8 - 1 反映了核匹配法各协变量在匹配前后

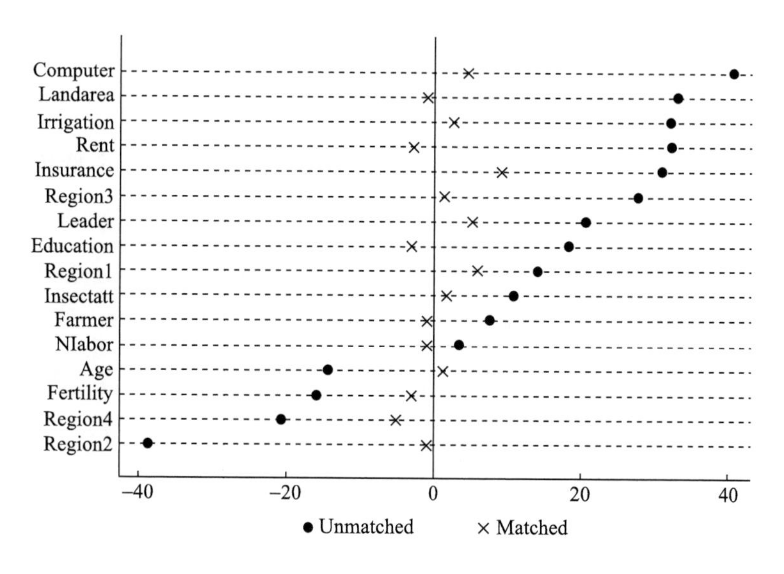

图 8 - 1 匹配前后各协变量数据平衡情况

的标准偏误的范围。黑色方点表示的是匹配前各协变量的标准偏误，浅色乘法符号表示匹配后各协变量的标准偏误，比较两者与0值的位置，可以发现，匹配后的协变量集中于0值线两侧，说明匹配后标准化偏差明显较匹配前减小，并且，所有变量的标准化偏差（% bias）都小于10%。因此，匹配后各变量在控制组与处理组之间不再具有显著性差异，技术集成采用组与非集成采用组数据的平衡性能够得到满足，可以进行对比。

第四节　本章小结

基于夏玉米种植农户数据的实证研究结果表明，集成采用“一增四改”技术的农户较只采用其中几项分技术的农户有更高的玉米产量，但增产效应没有报纸宣传中的高，这是因为该项技术在多年的推广过程中，其中的一项或多项已经被农户采用。事实上，样本数据反映五项分技术中一项都没有采用的农户数量很少，只有8个样本，这说明该技术经过多年的推广，已经初步取得了一定的成效。另外，集成采用该技术的农户却只有106个样本，也就是说，绝大多数农户玉米“一增四改”技术到位率低。这从另一个角度表明该技术的推广力度仍待加强。通过倾向值匹配法估计出来的“一增四改”的集成采用产量效应约为35公斤，换句话说，若提高农户玉米“一增四改”技术的到位率至100%，能在现有基础上平均提高单产35公斤。这一数值低于描述性统计值，这是因为描述性统计没有对数据进行平衡，可见倾向值匹配法更为科学合理。

1990~2013年，我国玉米平均亩产提高了100公斤。在技术无更新的假设条件下，改变农户行为，提高技术的到位率，可使平均单产提高35公斤。这一数值看起来并不高，但若同时提高玉米其他技术的采用率，则农业技术推广的效果和农户行为改变的结果仍是值得期待的。然而在调研中发现，部分地区农业技术推广体系网破、线断的现象没有根本消除，且普遍存在基层专业人员工资待遇

低、队伍不稳的情况，这些客观现象反映出我国农技推广力量仍然薄弱。随着人们生活水平的提高和人口的增加，我国玉米和其他粮食需求仍将增加，农业部门需要继续加大农业技术推广，特别是粮食主产区的农技推广力度亟待提高，改变农户行为，提高技术采用率从而实现玉米的增产潜力。

第九章　基于主导品种和主要技术视角的我国玉米增产潜力

前文分别讨论了农户玉米品种采用现状，农户玉米技术采用影响因素及其增产效应，但研究缺乏整体性，本章将品种和技术纳入到一个框架内进行讨论。首先，基于微观调研数据，利用柯布—道格拉斯生产函数，分析玉米主导品种和主要技术对玉米单产的影响。其次，基于玉米栽培技术专家李少昆、王崇桃等的研究，结合统计年鉴中的玉米单产数据，纵向分析新中国成立以来我国玉米品种和技术的更新以及玉米单产的变化。虽然我国玉米单产快速增长，但与全球玉米高产国对比仍存在一定的差距，本章利用联合国粮农组织数据库数据对比了中国与美国、法国玉米生产之间的差距。最后，就我国玉米单产和总产潜力做出综合判断。

第一节　主导品种和主要技术对单产的影响

前文分析了农户玉米品种和技术的采用现状，农户玉米品种性状属性偏好，农户玉米技术采用影响因素，就夏玉米“一增四改”技术讨论了技术集成采用的增产效应，但分析中未考虑玉米种植中劳动力投入和中间投入品，也未分析主

导品种影响，本部分基于微观调研数据，利用柯布—道格拉斯生产函数，将品种和技术综合起来分析它们对单产的影响。

一、模型构建与变量选择

基于劳动与资本之间具有替代关系的思想，Charles Cobb 和 Paul Dauglas 于1928 年建立起用来描述投入与产出之间关系的生产函数，被人们称为柯布—道格拉斯生产函数。其基本形式是：

$$Y = AL^{\alpha}K^{\beta}(A > 0,\ 0 < \alpha < 1,\ 0 < \beta < 1) \tag{9-1}$$

若对式（9-1）两边分别取对数，可得：

$$\ln Y = \ln A + \alpha \ln L + \beta \ln K \tag{9-2}$$

其中，A 为效率系数或综合要素生产率；α 的经济含义代表劳动的产出弹性；β 则代表资本的产出弹性。

在实际应用中，人们常根据研究需要增加投入变量。由于基于截面数据，因此，产出变量为玉米单产。影响玉米单产的因素很多，本书关注农户每亩投入的劳动时间、投入品以及农户玉米种植面积，农户采用的玉米品种和技术。此外，由于春玉米与夏玉米的单产水平差异显著，因此，引入春玉米和夏玉米虚变量。最后，即使农户投入了很多，但如果遭遇严重病虫害，单产水平也会显著下降，因此，引入农户受灾虚变量。综上所述，本书构建的生产函数为：

$$Y = f(labor,\ input,\ landarea,\ gseed,\ tech,\ insectatt,\ category) \tag{9-3}$$

式（9-3）中，labor 代表劳动投入，具体来说，将农户各环节投入的劳动时间加总得到劳动投入；input 代表玉米生产的中间投入，即将种子、化肥、农药、地膜等中间投入品价值加总得到；landarea 代表玉米种植面积；gseed 为分类变量，代表农户采用的玉米品种是否是农业部主导品种（含先玉 335）；tech 代表农户玉米采用的技术，此处若农户采用了“一增四改”技术或赤眼蜂防治玉米螟技术，即认为该农户为技术采用农户；insectatt 代表玉米当年是否遭遇严重病虫害；category 代表玉米属于春玉米或者夏玉米。

参考 C-D 生产函数，基于计量分析的模型构建如下：

$$Y = \alpha_0 labor^{\beta_1} input^{\beta_2} landarea^{\beta_3} e^{\beta_4 gseed} e^{\beta_5 tech} e^{\beta_6 insectatt} e^{\beta_7 category} e^{u} \quad (9-4)$$

进一步，对式（9－4）两边取对数，得到：

$$\ln Y = \alpha_0 + \beta_1 \ln labor + \beta_2 \ln input + \beta_3 \ln landarea + \beta_4 gseed + \beta_5 tech + \beta_6 insectatt + \beta_7 catagory + u \quad (9-5)$$

式（9－5）中，β_1、β_2、β_3 分别代表劳动投入，中间品投入和土地对玉米单产的弹性，也就是在其他因素不变的情况下，投入品变动1%所引起的产量变动的百分比；β_4、β_5、β_6、β_7 分别表示（古扎拉蒂、波特，2011），保持其他因素不变的情况下，主导品种对玉米单产的影响较其他品种预计高出 $100\times(e^{\beta_4}-1)$、主要技术采用农户较非采用农户玉米预计高 $100\times(e^{\beta_5}-1)$、玉米遭遇严重病虫害较未受侵害玉米产量预计低 $100\times(e^{\beta_6}-1)$，夏玉米较春玉米产量预计低 $100\times(e^{\beta_7}-1)$。

二、实证分析

（一）描述性统计

表9－1对农户主导品种和主要技术采用模型的样本统计特征及预期方向进行罗列。样本农户的玉米产量和玉米种植规模等变量的描述性统计在前面章节已经详细给出，此处不再赘述。中间投入品均值为344.10元，最高的为甘肃，最低的为河南；劳动力投入为14.65个工时，甘肃的机械化作业最低，因此，劳动力投入最高，河北的劳动力投入最低。

表9－1　农户主导品种和主要技术采用模型的样本统计特征及预期方向

变量	变量含义	单位/变量界界定	均值/选择统计	标准差	预期方向
Yield	单产	公斤/亩	558.01	126.57	—
Input	中间投入	元	344.10	102.95	正向
Labor	劳动投入	工时	14.65	18.07	正向
Landarea	种植面积	亩	40.32	358.50	不确定

续表

变量	变量含义	单位/变量界界定	均值/选择统计	标准差	预期方向
Gseed	是否为主导品种	0 = 否，1 = 是	0 = 617，1 = 544	0.50	正向
Tech	是否为主要技术采用农户	0 = 否，1 = 是	0 = 961，1 = 200	0.38	正向
Insectatt	是否遭遇严重病虫害	0 = 否，1 = 是	0 = 913，1 = 248	0.41	反向
Category	是否为夏玉米	0 = 春玉米，1 = 夏玉米	0 = 340，1 = 821	0.46	反向

中间投入品越多，农业产出越高，因此，预期中间投入的参数符号为正；投入劳动工时越多，说明农户精耕细作的程度越高，预期符号也为正；玉米种植面积的预期符号不确定，因为面积越大，规模效应越明显，但规模越大，精细耕作的可能性越小，所以符号方向不能确定；主导品种和主要技术采用的参数符号预期为正，原因不言自明；病虫害必然带来减产，因此，是否遭遇严重病虫害参数符号预期为负；春玉米单产高于夏玉米，所以玉米种类的参数符号为负。

（二）结果分析

由于本书基于截面数据估计生产函数，而截面数据的最小二乘法估计中很容易遇到异方差问题，从而影响到参数估计的稳定性与可靠性。Koenker 和 Bassett 于 1978 年提出了分位数回归（Quantile Regression）的思想，分位数回归对模型中的随机误差项不需做任何分布的假定，对于整个回归模型来讲，具有较强的稳健性。因此，下面采用分位数回归估计生产函数并将其与最小二乘法估计法进行对比。

由于样本之间可能存在一定的相关性或相似性，在最小二乘法估计时，采用了聚类稳健标准差处理方式，以消除序列相关和异方差等问题的影响。表 9-2 是最小二乘法和在分位数回归 0.2、0.4、0.6、0.8 分位点上的模型估计结果。

表 9－2 主导品种和主要技术的增产效应模型估计结果

变量	最小二乘法	分位数回归			
		q＝0.2	q＝0.4	q＝0.6	q＝0.8
Lninput（中间投入）	0.1312***	0.1767***	0.1087***	0.1093***	0.1049***
	（0.0203）	（0.0410）	（0.0239）	（0.0228）	（0.0211）
Lnlabor（劳动投入）	0.0268**	0.0133	0.0234**	0.0221**	0.0277***
	（0.0085）	（0.0163）	（0.0095）	（0.0091）	（0.0084）
lnscale（种植面积）	0.0114**	0.0167	0.01	0.0118*	0.0093
	（0.0057）	（0.0117）	（0.0068）	（0.0065）	（0.0060）
Gseed	0.0209*	0.0522*	0.019	0.0226	－0.0015
（是否为主导品种）	（0.0122）	（0.0267）	（0.0156）	（0.0149）	（0.0138）
Category	－0.1351***	－0.0947**	－0.1498***	－0.1778***	－0.1967***
（是否为夏玉米）	（0.0225）	（0.0397）	（0.0231）	（0.0221）	（0.0204）
Insectatt	－0.0524***	－0.0801**	－0.0397*	－0.0426**	－0.0316*
（是否遭遇严重病虫害）	（0.0145）	（0.0292）	（0.0170）	（0.0163）	（0.0151）
Tech（技术采用与否）	0.1122***	0.1419***	0.1267***	0.0940***	0.0447**
	（0.0153）	（0.0350）	（0.0204）	（0.0195）	（0.0180）
_cons	5.5354***	5.0756***	5.6657***	5.7696***	5.9194***
	（0.1322）	（0.2589）	（0.1507）	（0.1442）	（0.1333）
调整后的 R^2/Pseudo R^2	0.2768	0.0946	0.1275	0.1885	0.2605

注：*、**、和***分别表示参数估计值在10%、5%、1%的水平上显著；括号中报告的为标准误。

最小二乘法的估计结果显示，所有参数都通过了10%的显著性水平检验，且系数的参数符号与预期相符。但分位数回归在不同分位点上参数显著性有差异，且个别参数未通过T检验。

从分位数回归结果看，中间投入对产出的弹性为正，表明增加投入能够增加

单产。中间投入对产出的弹性在0.2、0.4、0.6、0.8的百分位点均通过了1%的显著性水平检验，弹性系数分别为0.1767、0.1087、0.1093和0.1049，表明在其他条件不变的情况下，中间投入上升1%，在单产0.2、0.4、0.6和0.8的百分位点会引起玉米单产增加0.1767%、0.1087%、0.1093%和0.1049%。观察参数估计的变化，可以看出，中间投入对产出的弹性总体上随着玉米单产水平的提高而递减，这符合经济学中的要素边际贡献递减规律。

在单产0.2、0.4、0.6和0.8的百分位点上，劳动投入对产出的弹性变化分别为0.0133、0.0234、0.0221、0.0277，表明在其他条件不变的情况下，劳动增加1%，产出分别增加0.013%、0.0234%、0.0221%、0.0277%。但劳动的产出弹性在0.2的百分位点上未通过显著性检验，可能的原因在于低产水平情况下，造成低产的原因是农户受灾或者其他包括在随机扰动项u中的因素，投入再多劳动也于事无补。

玉米种植面积对产出的弹性符号为正，在四个百分位点上分别为0.0167、0.01、0.0118和0.0093，表示在其他因素不变的情况下，种植面积增加1%，在单产0.2、0.4、0.6和0.8的百分位点会引起玉米单产增加0.0167%、0.01%、0.0118%和0.0093%。但参数估计值在0.2、0.4、和0.8的百分位点上均未通过显著性检验，只在0.6的百分位点上通过了10%的显著性水平检验。

在其他因素不变的情况下，随着百分位点的提高，主导品种对玉米单产的影响较其他品种分别高出5.22%、1.92%、2.29%和-0.15%。在0.4、0.6、0.8分位点，主导品种对产出的影响未通过显著性检验，这与庄道元（2011）对安徽小麦主导品种对产量的影响效应的分析结论差别较大。一般地，良种带来更高的收益是不容置疑的，主导品种是专家们经过严密论证和生产实践的检验筛选出来的优良品种，但目前市场上套包现象较多（杨凯，2012），加之主导品种界定存在时滞性，导致在产量较高的百分位点上，良种的增产效应不够显著。在低产情况下，主导品种影响程度的显著性水平通过了10%的显著性水平检验。可能的原因在于主导品种的抗逆性较高，稳产性好，因此在低分位点，主导品种影响程度较大。

主要技术的采用对玉米产量有显著的增加作用，在0.2、0.4、0.6、0.8百分位点上都通过了5%的显著性水平检验。在其他因素不变的情况下，在4个百分位点上，主要技术采用对玉米产量的影响较非采用者高出15.25%、13.51%、9.86%和4.57%，基本上呈递减的趋势。

通常而言，夏玉米单产低于春玉米，当其他因素不变时，在0.2、0.4、0.6、0.8的百分位点上，夏玉米较春玉米产量分别低9.04%、13.91%、16.29%和17.86%。显然，随着百分位点的提高，春玉米与夏玉米的产量差异越来越显著。

在0.2、0.4、0.6、0.8百分位点上遭遇严重病虫害的农户较非受灾农户玉米单产均有显著性下降，当其他因素不变的情况下，受灾农户较非受灾农户在四个百分位点上玉米单产分别下降7.70%、3.89%、4.17%和3.11%。

第二节　新品种研发、技术推广与我国玉米单产提高的历史

根据品种更新换代的特征来看，我国玉米生产可划分为三大时期（李少昆、王崇桃，2009），如表9－3所示。

表9－3　我国玉米品种与技术演变特征

时期	品种特征	技术特征
开放授粉时期（1949～1959）	筛选和推广优良品种、品种间杂交种及综合种	推广农民丰产经验，施肥、浇水、密度、播期等单项技术推广；因土栽培，增加密度，施用农家肥；人工除草，间作套种
双交种推广时期（1960～1969）	普及推广双交种	精细管理，平整土地，改良土壤，增加密度，增加灌溉面积，农家肥，绿肥

续表

时期		品种特征	技术特征
单交种推广时期（1970年至今）	1970~1979年	单交种推广	施用氮素化肥；农田基本建设，兴修水利；盐碱地改良；病虫化学防治；精细管理；间种、复种、套种
	1980~1989年	推广紧凑型玉米与配套栽培技术；种植高秆大穗晚熟品种，延长生育期；品种更新替代	增加密度；增施氮、磷化肥、农家肥、绿肥减少；地膜覆盖；叶龄促控；模式化栽培；化学除草；旱作栽培
	1990~1999年		增加密度，种子包衣；育苗移栽；节水灌溉；增施化肥，满足营养需要；耕层变浅；播种及除草机械作业
	2000年至今	耐密、抗逆、优质、广适基因挖掘与应用	测土配方，施用复合肥料；催芽、坐水种；集雨灌溉；少免耕、套种改直播，密植，简化栽培与机械化生产技术体系；适时晚收；深松改土；机械播种，收获秸秆还田、培肥地力

数据来源：李少昆，王崇桃．中国玉米生产技术的演变与发展［J］，中国农业科学，2009，42（6）：1941－1951.

第一个时期是新中国成立之初的前十年，这一时期以玉米品种的开放授粉为特征。主要的优良农家品种包括金皇后、金顶子、英粒子、白马牙等，粮种不分，种子自繁、自留和自用，品种间杂交种以包括坊杂2号、夏杂1号、晋杂1号、春杂2号、百杂6号、混选1号、公交82号等。这一时期的技术特征表现为推广农民丰产经验，注重施肥、浇水、播期等单项技术的推广，传统种植方式为主，玉米单产平均水平为84.13公斤/亩。

第二个时期是为双交种推广时期（1960~1969年），主要的双交种包括新双1号、双跃3号、双跃4号、豫双1号、农大3号、农大4号、新单1号、白单4号等。在栽培管理方式注重精细化管理，通过平整土地、改良土壤，增加灌溉面积等手段提高玉米单产，但基本上还是传统耕作，几乎没有现代栽培管理技术的应用，平均单产水平为99.25公斤/亩。

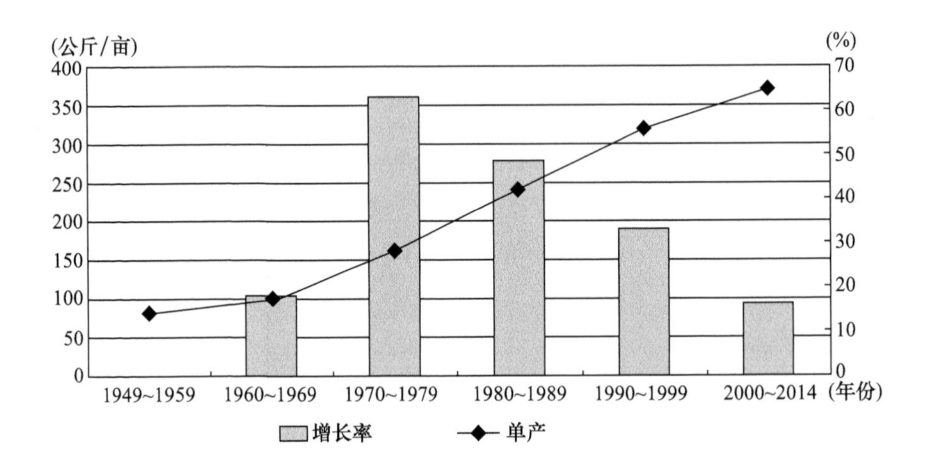

图9-1　我国各时期玉米平均单产及其增长率

数据来源：中国种植业信息网及《中国统计年鉴2014》。

第三个时期是自20世纪70年代以来单交种推广普及时期，前文所述的中单2号、丹玉13号、郑单2号、掖单2号、掖单13号、农大108、郑单958等都属于单交种。在单交种的快速推广、化肥农药的大量应用、农田基础设施的大规模兴建以及中央农业政策的正确引导等条件下，我国玉米单产快速增长。其中，20世纪70年代是我国玉米生产大发展、大转折的关键时期（李少昆、王崇桃，2009），单交种优势明显，快速在生产上普及推广。我国玉米杂交种面积占玉米总面积的比重从1971的28%提高到1978年的69.8%（佟屏亚，2000），玉米平均亩产较60年代提高了近63公斤。20世纪80年代和90年代，玉米育种从矮秆向高秆转变，以延长生育期的晚熟品种为育种方向。加之政策制度设计较之前有很大的激励作用，80年代我国用了10年时间即实现了亩产200公斤向300公斤的跨越。这一阶段，栽培技术方面开始大量应用化学肥料、叶龄促控、化学除草等手段，技术特征从传统农业向化学化，现代化方向转变。21世纪，我国玉米育种注重培育高抗、耐密植、优质、广适性好的优良品种，耐密型玉米品种在全国各地的高产创建中发挥了重要作用，并出现了多个亩产1000公斤以上的高产典型（郑友军，2012）。这一时期，玉米生产栽培技术由之前的精耕细作向轻简栽培技术转变，玉米栽培的轻简技术（如小麦直播夏玉米）受到了农民的欢迎，玉米播种和收获的机械化水平大幅度提高，玉米种植开始注入农业生产的可持续性理念，干旱半干旱区节水灌溉技术、生物防治虫害技术（如赤眼蜂防治玉米螟技术）和保护性耕作技术得到大面积推广（如免耕技术）。20世纪80年代，我国玉米平均单产较70年代增长了78.35公斤/亩，90年代较80年代增加了79.8公斤/亩，21世纪玉米单产增长速度放缓，仅比20世纪90年代亩产增加了51.83公斤。

比较各时期玉米单产水平的变化，从图9－1中可以看出，20世纪70年代是增长最快的10年，之后单产增长率每隔十年下降15个百分点左右。依照这种趋势，不难推断未来我国玉米单产难以再像最初的几十年那样快速增长。

第三节　我国玉米单产提高的潜力分析

一、基于全球先进生产水平的比较

由于年际间单产变异较大，不利于从整体上识别差异，此部分数据经过移动平均计算得出。从全球角度来看，我国（中国大陆，不含台湾）2011～2013年玉米单产水平排名全球第41位。全球排名第1位的以色列单产为1820.62公斤/亩，远高于我国395.38公斤/亩的水平。其他国家如德国、加拿大、法国、美国、乌兹别克斯坦、阿根廷和澳大利亚玉米单产也高于中国。

美国是世界第一大玉米生产国，其玉米播种面积和产量都很高。2013年美国单产的5年移动平均值为625公斤/亩，全球排名第16位，亩产比我国高出

245 公斤。从单产的 5 年移动平均值来看，20 世纪 90 年代我国与美国之间的差距最小，近年来，玉米单产水平的差距没有缩小，反而有扩大的趋势，如图9－2所示。亩产最小差距（181 公斤）出现在 20 世纪 90 年代，最大差距（281 公斤）出现在最近 10 年。按照新中国成立以来我国玉米单产年均增长 2. 80% 速度计算，我国要到 2030 年才能赶上目前美国 625 公斤/亩的单产水平。从美国玉米单产的历史变化看，我国目前玉米单产水平相当于 1979 年美国的水平，这意味着，按照美国玉米单产增长速度，我国约需要 34 年的时间才能赶上 2013 年美国玉米的单产水平。美国玉米单产水平高与转基因玉米的大面积种植不无关系。美国玉米大量采用转基因品种，2014 年转基因玉米的种植面积达到 93%，其中，既抗除草剂又抗虫的玉米面积占玉米总种植面积的 76%。除转基因技术外，测土施肥、节水灌溉智能化、田间管理智能化、机械化、集约化都是其高产的重要原因。

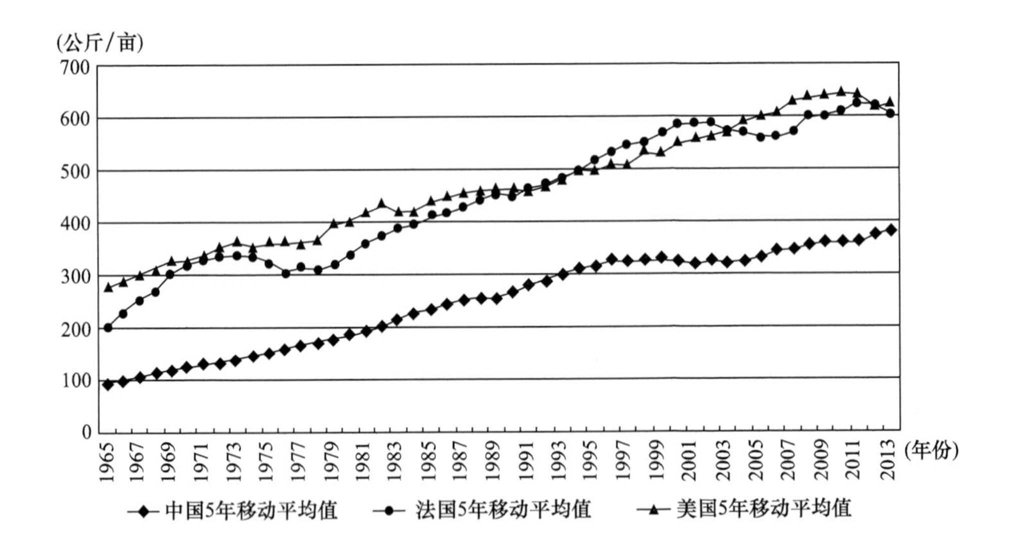

图 9－2　中国、美国及法国玉米单产的 5 年移动平均值

数据来源：根据世界粮农组织数据库数据整理。

法国玉米产量居全球第 10 位，2013 年 5 年的移动平均值为 602 公斤/亩，全球排名 19 位。法国明令禁止种植转基因玉米，但法国玉米单产与美国不相上下。从法国玉米单产的历史变化看，我国目前的单产水平相当于法国 1982 年的单产水平。根据法国玉米单产的增长看，我国需要 31 的时间才能赶上法国 2013 年的单产水平；根据我国过去的单产增长速度，则至少需要 15 年的时间。

可见，我国玉米单产水平与美国、法国这些国家之间差距还很大。不过，尽管我国玉米目前的平均单产在 400 公斤/亩左右，但个别省份的平均单产与美国、法国的差异并不算太明显。例如，2013 年吉林平均单产为 528. 85 公斤/亩，宁夏为 524. 75 公斤/亩，新疆为 484. 38 公斤/亩，山东为 428. 47 公斤/亩，内蒙古为 435. 18 公斤/亩，辽宁为 464. 08 公斤/亩。

二、基于生产实践和实验水平的比较

自 1914 年美国在印第安纳州首次举行玉米高产竞赛以来，近年来竞赛最高亩产达到了 1764. 1 公斤/亩，竞赛第 1 名的单产水平已能稳定在 1400 ~ 1500 公斤/亩（2011 年）。如表 9 –4 所示，我国玉米高产竞赛近年来也取得了可喜的成绩。我国于 2009 ~2012 年在新疆伊犁 71 团、新疆奇台总场、宁夏同心河西镇艾家湾村的高产验证中，获得了 1360. 1 公斤/亩、1410. 3 公斤/亩、1314. 3 公斤/亩的单产，2005 年在山东莱州获得 1282. 47 公斤/亩的高产纪录。显然，这些高产纪录比农民在大田生产中的玉米单产高出了很多。观察这些高产纪录相关的验收面积不难发现，小面积的高产表现尤其突出，而在大面积情况下，则很难实现。例如，新疆伊犁 71 团在小面积下的亩产水平高出大面积平均水平 132. 5 公斤。究其原因，若品种本身的抗性和广适性不够，大面积与小面积下的单产差异越显著。

表 9-4　部分高产示范田玉米单产表现

试验地点	试验年份	品种	类型	验收面积(亩)	单产（公斤/亩)
宁夏农垦平吉堡农 6 队	2014	郑单 958	春玉米	5	1010
		先玉 335	春玉米	2.50	1067.40
新疆伊犁 71 团	2009	郑单 958	春玉米	4.95	1360.10
新疆奇台总场	2012	良玉 66	春玉米	3	1410.30
宁夏同心河西镇艾家湾村	2010	先玉 335	春玉米	5.55	1314.30
陕西定边	2008	—	春玉米	—	1326.40
山东莱州	2005	—	夏玉米	—	1282.47
新疆伊犁 71 团	2012 2014	—	春玉米	10860 10500	1113.40 1227.60
甘肃凉州区	2008	—	春玉米	12000	970.52
河南浚县	2008	—	夏玉米	4995	815.16
辽宁海城、庄河、铁岭	2010	丹玉 202 号、丹玉 88	春玉米	10186	783.20

数据来源：综合了程建平、王涛等（2014）；王崇桃、李少昆（2013）；李少昆、王崇桃（2009）；吕春波、武翠等（2013）的研究数据得到。

在玉米良种培育到推广应用的过程中，为了判断新育品种在自然条件下能否适宜当地的自然环境，鉴别玉米品种的抗性、耐密性，能否实现作物的稳产和高产，必须经过品种区试环节。很多品种的区试结果都比较令人满意。1994～1996 年，农大 108 在全国 164 个区试点中，平均单产为 550.67 公斤/亩～626 公斤/亩（段民孝，2005），而 1994～1996 年我国玉米平均亩产水平不到 350 公斤；1998 年在国家黄淮海 7 省（市）夏玉米区试中郑单 958 平均单产为 577.3 公斤/亩，1999 年为 583.9 公斤/亩（段民孝，2005），但当时我国实际的玉米平均单产水平也只在 350 公斤左右。相同的品种，差异显著的产量，除了区试设计的缺陷，也与农民玉米种植中栽培技术不到位，或未采用配套的栽培技术有很大关系。

综上所述，培育研发新品种，实现品种的高抗性、广适性，是缩减大面积轻简栽培与小面积精耕细作产量差距的重要手段；推广玉米生产栽培技术，提高技术到位率是缩减玉米品种区试产量与农户分散种植产量差异的重要方法。

三、我国玉米单产潜力的综合判断

如上一节所述，美国玉米产量很高，2013 年总产达 3.54 亿吨，单产为 665 公斤/亩。有研究提出，美国玉米单产水平已达到光温潜力的 80%~90%，近一步大幅度增产的空间已经很小（Grassini 等，2011）。而我国玉米单产水平很低，只达到光温增产潜力的 50% ~60%（张树权等，2012）。可见，从生物产量来看，我国玉米单产增产的空间还比较大。

玉米栽培技术专家王崇桃、李少昆（2006）等通过光温生产值、各省区的玉米高产纪录和玉米区试产量与大田实际产量计算预测我国玉米单产潜力，如表 9－5 所示。其中，产量潜力 1 是光温生产潜力，产量潜力 2 是高产纪录与大田实际产量的差异（实际上不相等），产量潜力 3 是区试产量与大田实际产量的差异。从这些数据看，产量潜力 3 是最小的，即使如此，相对于我国目前的玉米单产水平，增产潜力仍旧很大。若将数据进行更新，将全国大田实际产量换为 2013 年全国平均玉米单产，则我国玉米单产潜力为 188.94 公斤/亩，按照 2013 年我国实际玉米播种面积（54477 万亩）计算出的玉米增产潜力为 1 亿吨。

表 9－5　玉米栽培专家 2006 年预测的我国玉米单产潜力

单位：公斤/亩

主产区	光温生产值	高产纪录	区试产量	大田实际产量	产量潜力 1	产量潜力 2	产量潜力 3
东北春玉米区	2492.67	1214.00	658.00	326.00	2166.67	790.00	332.00
黄淮海春、夏玉米产区	2635.33	1298.00	599.33	307.33	2328.67	868.67	292.67
全国	2443.33		590.00	300.00	2143.33	790.67	290.67

数据来源：王崇桃，李少昆，韩伯棠．玉米高产之路与产量潜力挖掘［J］．科技导报，2006（4）．

利用良种和科学的栽培管理技术，实现当前美国或法国的单产水平，并非遥不可及。但我国玉米生产已经经历了快速增长，之后难以再以相同的速度继续。因此，2015 年实现 600 公斤的单产目标不大现实，况且我国玉米亩产水平从 1990 年的 301.60 公斤上升到 2013 年的 401.06 公斤，用了 23 年的时间。按照美国和法国亩产从 400 公斤到 600 公斤跨越的时间长度预测我国玉米单产增长更为合理，这样看，实现平均 600 公斤的亩产需要到 2050 年左右才能实现。根据 2013 年我国玉米种植面积计算，届时玉米若能够实现亩产 600 公斤的水平，则我国玉米总产将达到 3.26862 亿吨，将比 2013 年我国玉米总产高出 1.2 亿吨。

可见，基于中、美、法三国玉米单产水平的比较和基于生产实践与区试产量对比得出的结论相差不大。

表 9－6　基于主导品种和主推技术的玉米增产潜力计算

省份	年鉴数据	调研数据					年鉴数据与调研数据结合	
	播种面积（万亩）		未采用（公斤/亩）	采用（公斤/亩）	差异（公斤/亩）	采用率（%）	未采用面积（万亩）	增产潜力（吨）
安徽	1267.65	主推技术	454.91	541.67	86.76	3.61	1221.89	1060109.89
甘肃	1464.20		656.58	—	—	—	—	—
河北	4663.16		541.46	559.06	17.60	15.76	3928.24	691370.55
河南	4805.00		507.28	550.83	43.55	9.00	4372.55	1904243.54
吉林	5248.64		649.61	737.39	87.78	47.18	2772.33	2433552.72
山东	4591.07		552.51	567.76	15.25	18.63	3735.75	569701.81
陕西	1749.35		469.17	529.41	60.24	9.60	1581.41	952640.11
小计	23789.05		541.10	639.22	98.12	17.23		7611618.62
安徽	1267.65	主导品种	460.31	443.18	-17.13	13.25	1099.69	-188376.28
甘肃	1464.20		647.86	695.83	47.97	18.18	1198.00	574682.69
河北	4663.16		550.59	541.57	-9.02	70.44	1378.43	-124334.26
河南	4805.00		484.01	529.71	45.70	59.50	1946.02	889332.50
吉林	5248.64		688.34	707.72	19.38	13.85	4521.70	876306.11
山东	4591.07		544.74	561.65	16.91	62.75	1710.17	289190.04
陕西	1749.35		474.04	475.69	1.65	55.37	780.73	12882.09
小计	23789.05		571.07	543.19	-27.88	46.86		2329682.89

然而本书最为关注的是前述第二章第二节中的产量差Ⅰ，即根据调研数据获得的主导品种和主要技术采用农户与未采用农户之间的单产差异。

样本数据显示，除甘肃外，样本省区主推技术采用农户均较对照组高，安徽、河北、河南、吉林、山东、陕西主推技术采用农户玉米亩产比对照组分别高出 86.76 公斤、17.6 公斤、43.55 公斤、87.78 公斤、15.25 公斤和 60.24 公斤。但不同省区主导品种采用农户玉米单产并非都高于对照组，安徽和河北两省主导品种采用农户玉米亩产较非主导品种采用农户分别低 17.13 公斤和 9.02 公斤，甘肃、河南、吉林、山东、陕西主导品种采用农户较对照组分别高出 47.97 公斤、45.7 公斤、19.38 公斤、16.91 公斤、1.65 公斤。若以 2013 年统计年鉴中各省的播种面积数据和调研所得各省区的技术与品种采用率作为基准，则主推技术的增产潜力为 7611618.62 吨，主导品种的增产潜力至少为 2329682.89 吨，样本 7 省占全国玉米种植面积的 43.67%，因此，主导品种和主推技术的总产潜力至少为 2276.59 万吨，换算成单产潜力约为 43 公斤。

在此需要说明的是，个别省区主导品种农户平均单产较对照组低，并不表示主导品种不是优良品种，更不能由此推断主导品种单产水平低。这是因为：第一，主导品种的界定是基于过去的生产实践经验，更新的优良品种需要经过大田多年种植检验以后，才可能在未来年份成为主导品种，换句话说非主导品种并非就不是优良品种，例如郑单 958 于 2000 年即通过审定，但并不会当年就成为主导品种，经过大田生产的实践检验以后，其面积逐渐扩大，于 2004 年才成为我国主导品种；第二，产量较高的春玉米种植农户中农业部主导品种采用率很低，而省级和县级主导品种数据无法全部获取；第三，种子市场的套包现象使得一些不知名的品种摇身变成了主导品种，而农户并不自知。这三个原因导致了统计结果不利于主导品种，这也是本书通过主导品种采用所计算出来的增产潜力较低的原因。

此外，前述主推技术实质上只包括玉米“一增四改”技术和赤眼蜂防治玉米螟技术，而实际中主推技术还包括夏玉米直播晚收高产栽培技术（增产 50 ~ 100 公斤）、玉米膜下滴灌节水增产技术（玉米膜下滴灌耕作比露地玉米种植增产30%~70%，梁建辉，2015）、玉米密植高产全程机械化生产技术（增产50公斤以上，赵发清等，2014），如果将所有这些技术都包括在其中，加上主导品种的增产潜力，玉米的单产潜力至少在100公斤。

综上所述，基于我国现有玉米品种和技术，通过推广生产栽培管理技术，普及优良品种，改变农户行为，参考2013年我国玉米播种面积，农户行为改变的预期玉米增产潜力至少为5000万吨左右。

第四节　本章小结

基于微观调研数据，利用计量经济模型，控制了中间品投入，劳动投入和玉米种植面积等变量后对样本农户玉米主导品种和主推技术的采用进行定量分析，发现由于主导品种界定的滞后性及种子套包现象较多等原因，主导品种在产量的高分点上对产量无显著性影响，但在低产情况下，由于主导品种的广适性、抗逆性较高，主导品种与非主导品种有显著性差异；主推技术对玉米单产有显著性影响，在其他因素不变的条件下，在0.2、0.4、0.6、0.8百分位点上，主要技术采用对玉米产量的影响较非采用者高出14.19%、12.67%、9.40%和4.47%，基本上呈递减的趋势。

依据玉米品种更新换代的特征，我国玉米生产可划分为三大时期：第一个时期为玉米品种的开放授粉时期（1949~1959年）；第二个时期为双交种推广时期（1960~1969年）；第三个时期为单交种推广普及时期（1970年至今），第三个时期的前十年是单交种的推广时期，20世纪80年代以后属于单交种的普及时期（李少昆、王崇桃，2009）。从技术特征看，前两个时期基本属于传统农业技术手段时期，注重精耕细作；后一个时期从传统手段向现代化、化学化转变，特别是最近10年来，玉米栽培管理技术向轻简化、可持续化、机械化转变。相应地，伴随着品种和生产栽培管理技术的更新，我国玉米单产水平持续提高，20世纪

80 年代我国玉米平均单产较 70 年代增长了 78.35 公斤/亩，90 年代较 80 年代增加了 79.8 公斤/亩，21 世纪玉米单产增长速度放缓，仅比 20 世纪 90 年代亩产增加了 51.83 公斤。

虽然我国玉米单产快速增长，但与全球玉米高产国对比，仍存在一定的差距。培育新的玉米品种，推出更先进的玉米生产技术是缩小这一差距的根本手段。但赶上美国、法国目前的玉米单产水平，我国至少还需 35 年左右的时间，也就是在 21 世纪中叶玉米播种面积不变的情况下，能够实现玉米总产量达到 3 亿吨。基于农业生产实验与大田生产实践的对比，我国玉米单产潜力为 188.94 公斤/亩，计算出的玉米总产潜力也为 1 亿吨左右。但前者的估算基于玉米品种和技术的更新，后者的估算则建立在农业生产条件优良，实验人员精细管理的基础上。

若假设玉米品种和栽培管理技术不变，通过品种普及，技术扩散，改变农户行为，在面积不增加的条件下，我国玉米总产潜力至少为 5000 万吨。

第十章　研究结论与政策建议

第一节　研究结论

一、我国玉米生产布局更为集中，并遵循了比较优势原理

玉米是对我国粮食增产贡献最大的作物，新中国成立以来，我国玉米产量快速增长，目前已经成为我国最大粮食作物。新中国成立之初，我国玉米生产布局表现为华北区、东北区和西南区“三分天下”的格局，经过60多年的发展，我国玉米生产布局更为集中，目前，我国玉米生产布局集中于华北区和东北区。与区域布局同时变化的是主要省区玉米种植面积的变化，近年来，四川和云南占全国玉米产量的比重下降；黑龙江的产量地位进一步上升；内蒙古玉米产量迎来了历史上最快的时期。

根据农产品效率规模优势和优势指数，研究分析黑龙江、吉林、河南、河北、山东、内蒙古、辽宁、山西、云南、陕西、甘肃、新疆和贵州的玉米生产具有规模优势，河北、山西、内蒙古、辽宁、吉林、黑龙江、山东、河南、陕西、甘肃和新疆玉米生产具有效率优势。秩相关系数的分析进一步表明，总体看，我

国玉米规模优势指数与其效率优势比较一致，即我国玉米生产布局总体上遵循了比较优势。

二、近年来我国玉米品种更新速度减慢，部级主导品种采用率较高

20 世纪 80 年代以来，中单 2 号、丹玉 13 号、掖单 13、农大 108 和郑单 958 都曾占据我国玉米主导品种的地位，除郑单 958 以外，每隔 4 ~ 7 年主导品种就会被更优良的品种代替，但近年来我国玉米主导品种更新速度明显减慢。与此同时，国外玉米品种在我国的市场占有率迅速提高，成为国产主导品种的重要威胁。调研所得样本数据与全国农业技术推广服务中心统计结果相似，我国农户面临着庞大的玉米品种数目。虽然，我国新育玉米品种数量突飞猛进，每年都有不少新品种通过审定，然而真正具有突破性的品种几乎没有，玉米品种的多、杂、乱的问题突出。

为增强农户购种的科学性，考虑到玉米品种对环境的适应性，我国农业部、省农业厅和县农业局每年都会推出玉米主导品种。样本数据显示，部级玉米主导品种占据了半壁江山，郑单 958 和先玉 335 分别是 2013 年我国采用率最高的两个品种，但各省区的具体情况不尽相同，且春玉米种植农户中农业部主导品种的采用率大大低于夏玉米。

三、农户更在意的是玉米品种的机收适宜性和稳产性

随着杂交玉米品种的快速推广和普及，我国玉米种子市场需求巨大。考虑到农户是玉米品种的需求者，基于选择实验理论和方法，应用随机参数模型与潜在类别模型，本书分析了农户玉米品种性状属性偏好。

随机参数模型实证结果表明，首先农户偏爱稳产耐旱型、穗位整齐、生育期短、高油或高蛋白玉米品种，且农户对玉米品种穗位整齐性状有最高的支付意愿，其次是玉米的稳产性和生育期，最后是玉米籽粒的品质特征。农户对玉米品种穗位整齐度的关注本质上是农户对机械采收玉米的关注。总体看，农户更在意玉米品种的机收适宜性和稳产性。根据诱致性技术创新理论深入分析发现，农户

玉米品种性状属性偏好和支付意愿的背后本质上是农户对高价格生产要素节约的需求。

潜类别模型的实证结果表明，根据农户对品种性状属性偏好的异质性可以将农户分为两个类别：穗齐偏好农户和产量稳定偏好农户，但第一类农户所占比重为86.83%，第二类农户仅占13.17%。换句话说，追求产量目标的农户少于追求轻简目标的农户。

四、轻简栽培管理技术更受农民的欢迎，但供给不足

农户不仅偏好轻简型玉米品种，而且偏好轻简型栽培管理技术。

样本数据显示户主平均年龄为54.10岁，只有不足7%的户主年龄低于40岁。总体说，农户的老龄化特征明显，且夏玉米较春玉米种植农户样本老龄化特征突出。加之玉米种植收入占农民总收入比重的下降，农户对玉米轻简栽培管理技术偏好增强。在实地调研中发现，轻简型技术较之其他技术采用率高，例如玉米贴茬直播技术由于不需要对土地进行翻耕作业，受到农民的普遍欢迎；相反，虽然政府极力管控秸秆焚烧，可仍然屡禁不止，虽然比例不高，但从侧面反映了消耗劳动力的技术会受到农户“天然”的抗拒。

面对农户的偏好，我国农业技术进步的方向未能及时调整，技术供给跟不上技术需求。在本次实地调研中，具体有以下表现：

第一，赤眼蜂防治玉米螟技术供给不足。赤眼蜂防治玉米螟技术每亩地投入成本很低，据黑龙江省汤原县农业技术推广中心的数据，农民每亩地投入约3元（沈菱菱，2012），该技术是生产无公害粮食的重要举措之一，而且对玉米增产也有重要意义。如此经济、环保且增产的农业技术理应在我国得到广泛的应用，但除了吉林玉米有农户采用外，样本数据反映其他省区均没有，这反映出我国对该技术的技术供给严重不足。

第二，玉米的轻简型施肥技术供给不足。玉米需要分次施肥才能满足不同生长阶段的营养需求。对于长期在外的兼业农户来说，种玉米时回家一次，收玉米时回家一次，其他时间由于无法连续在家务农，“一炮轰”的施肥方式在所难

免。况且分次施肥无疑会增加劳动量，老龄化和女性化特征的农户实现分次施肥有难度。种肥同播机和缓控释肥相结合大大减轻的施肥作业强度，在播种的同时施用缓控释肥，一次施肥后期基本无须追肥。此外，调研发现，分层施肥的种肥同播机在生产实践中已开始应用，这种机械在种肥同播的基础上实现深施肥和分层施肥，随着玉米根系向下生长，一次性施肥满足整株玉米不同时期的生长需求。这是轻简施肥技术在农村中的应用，也是农业技术供给减轻玉米栽培作业强度，提高劳动效率在生产实践中的实例。但两项技术的采用率并不高，并非是不受农户欢迎，而是很多农户还不了解该项技术，特别是分层施肥的种肥同播机械还处于研究开发的不成熟阶段。可以预见，若这种轻简型技术成熟后能够大面积推广，不仅能够降低农户玉米种植的作业强度，而且能够有效提高玉米产量。

第三，玉米的轻简型播种和采收技术供给质量不高。玉米机械播种和采收质量不高是目前制约我国玉米机械化水平提高的重要因素。相对于人工播种和采收玉米，机械播种和采收大大降低了劳动作业强度，属于轻简型技术。尽管样本数据显示我国玉米播种和收获的机械化水平较高，然而，与此同时，农户反映机械作业质量问题仍比较突出，主要表现在机械的精准化技术水平较之于人工播种和人工收割的精准化水平低很多，且玉米机械采收的损失率较高。

五、技术供给和种植规模对技术采用有重要影响

技术采用的影响因素不仅需要考虑技术需求而且需要考虑技术供给。二元选择模型的实证结果显示，就赤眼蜂防治玉米螟技术而言，技术供给因素对技术采用有决定性影响。没有技术供给就不可能有技术采用，看似道理非常简单，但个别研究中常常关注技术需求而忽略了这一点。

此外，植保专家指出，赤眼蜂防治玉米螟技术要统一时间，统一行动，乡与乡、村与村要联合防治，做到集中连片大面积放蜂。赤眼蜂防治玉米螟技术省工省力，减少农药施用次数，因此土地面积越大，减少的农药成本和劳动力成本越多，规模经济越能够得到体现、也就是说，玉米种植规模对技术采用有正向作用。虽然本书没有对所有技术采用的影响因素进行一一分析，但不难推理，规模

越大，农户承担的种植风险越大，技术采用的规模经济性越强，因此农户越有积极性了解和采用农业生产技术。

六、优良品种和技术采用的增产潜力巨大

为讨论我国玉米增产潜力实现的现实性，首先纵向对比新中国成立以来我国玉米单产增长率的变化。分析统计年鉴中的单产数据可以发现，伴随着品种和生产栽培管理技术的更新，我国玉米单产水平持续提高，但单产的增长率却在20世纪70年代以后逐渐下降。20世纪60年代，我国玉米单产水平较50年代增长了17.97%，70年代较60年代增长了63.14%，80年代较70年代增长了48.39%，90年代较80年代增长了33.21%，21世纪较20世纪90年代增长了16.19%。比较各时期玉米单产水平的变化，20世纪70年代是增长最快的10年，之后单产增长率每隔10年下降15个百分点左右。也就是说，近年来我国玉米单产增长速度放缓。

为分析我国玉米增产潜力实现的可能性，还需要横向对比我国与玉米高产国之间的差距，我国大田玉米生产与实验水平之间的差距。以美国和法国的技术进步率作为测算基础，在21世纪中叶，我国可实现美国、法国目前的玉米单产水平，即亩均增产为200公斤左右，则我国玉米总产潜力约为1.2亿吨。这是基于品种和技术进步的深度得出的结论。将玉米栽培管理专家王崇桃、李少昆（2006）等所做的研究数据进行分析，可以推断，我国玉米单产潜力为188.94公斤/亩，按照2013年我国实际玉米播种面积计算出的玉米增产潜力为1亿吨左右。这是基于玉米品种不变，而提高技术到位率和采用率得出的结论。

基于微观截面数据，应用倾向值匹配法分别选取了K近邻匹配法、半径匹配法、卡尺内的K近邻匹配和核匹配法进行匹配分析玉米“一增四改”技术集成采用的增产效应，在5%的显著性水平上，平均处理效应为35公斤。虽然就主推技术进行了增产效应的分析，但分析中未控制玉米种植中劳动力投入和中间投入品。基于柯布—道格拉斯生产函数，采用最小二乘法和分位数回归，研究发现主要技术采用对玉米单产有显著增加作用；由于主导品种界定的时滞性及其他原

因，主导品种采用只在低分位点上通过了显著性水平检验，在高分位点上不显著。参考2013年我国玉米播种面积，基于调研中的品种和技术采用率，分析认为农户行为改变的预期玉米增产潜力至少为5000万吨。这是基于离散截面数据，也是基于技术进步的广度得出的结论。

总体看，我国玉米优良品种和技术采用的增产潜力巨大。从技术进步（广义技术进步）的深度看，我国玉米增产潜力约为1.2亿吨；从技术进步（狭义技术进步，不含品种）的到位率来看，我国玉米增产潜力约为1亿吨；从技术进步（广义技术进步）的广度看，我国玉米增产潜力至少为5000万吨。

第二节 政策建议

一、创新农技推广制度，激励农技推广人员将良种和技术真正延伸至农户

从农技推广供给力度看，2012年我国农技推广财政投资占财政支农支出的比重相较于1990年仅上升了1.56%个百分点（焦源，2014），近年来，虽然农技推广“网破、线断、人散”的尴尬局面有所缓解，但农技推广财政投资额依然偏低，推广事业经费多用在了“织网、拉线、留人”，真正能用在技术推广方面的经费则很少，基层农技推广工作有名无实。在调研中，接触了部分农技推广人员，切身体会到了他们的不易。在制度设计上，基层农技推广组织既受上级农技推广部门的领导又受本级农业行政部门的领导，且推广机构的经费和工作人员晋升受农业行政部门决定，这使得基层农技推广部门的工作常常围绕行政部门展开，有时则被抽调至其他部门，推广人员既没有多余的精力，也没有积极性从事技术推广工作。总体看，我国农技推广制度存在一定的缺陷，制度设计亟待创新。

从农技推广需求角度看，依然有相当一部分农户依靠经验种植玉米，还有相

当一部分农户在技术采用时，技术的到位率不高，对此，应重视宣传科学栽培管理技术，利用各种机会、各种手段普及农业技术知识，提高先进技术到位率。各级政府应认识到农业技术推广的公益性，加大农业技术推广的经费，认可激励农技推广人员将技术真正延伸至农户，为农户提供科学信息服务和指导，这就又回到了农技推广制度设计问题上，制度创新要让技术人员有积极性从事技术推广。

每年国家投入大量资金用于支持农业，有些补贴甚至还超出了 WTO“绿箱”补贴的范围，与其如此，还不如将这些财政资金投入农业公共服务体系，特别是粮食主产区的技术推广体系。引导农业向高效生产、低农药残留、环境友好型的农业发展模式转变，既符合了 WTO 规则，也有助于实现我国粮食数量安全和质量安全目标。

二、进一步加大优势产区、规模农户和农资经销商的农技推广力度

我国玉米优势产区分布呈现出“镰刀弯”形状，包括北方春玉米区、黄淮海夏玉米区、西南玉米区和西北玉米区，我国应借鉴美国经验，通过科学规划和合理布局，进一步优化玉米优势产区。在进一步优势区域布局的基础上，加大优势产区的农业技术推广力度。

规模越大，农户从品种采用和技术采用中获得的收益越多，因此规模农户有采用良种和先进技术的积极性，也有主动了解良种和先进技术的积极性。随着我国农村农地流转规模的继续扩大，规模农户的比例将会越来越高，加大规模农户的农技推广力度，无疑是快速提高技术采用率和技术到位率的捷径。

不得不承认的事实是，基层农技推广面临着重重困难。有时为培训农民，培训机构还要给参会的农民送上“小礼物”，毕竟农民的时间被耽误也会产生机会成本。特别是一些小规模农户，玉米种植规模小，收益低，花时间学习种植技术不一定能获得立竿见影的效果。但并不能因此就放弃小规模农户，毕竟他们在我国农村总人口中占绝大多数，而且其良种和技术的采用率低，技术到位情况不乐观。如何提高小规模农户的农业技能水平？本书认为，在大规模地对小农户进行农技培训的同时，提高农资经销商的农业知识和生产技能能够间接提高小规模农

户的技术采用率和技术到位率。

实践常常先于理论，在山东的调研中，农业技术培训已经延伸到了农资经销商，但目前在理论界和学术界对农资经销商为我国农业技术进步所做出的贡献认识还很不到位。农药、化肥、种子等农业生产资料在农作物产量形成过程中具有重要的地位，在我国农技推广缺位的背景下，农资经销商长年工作在农业生产第一线，在农村承担了部分乡村技术员的角色，为了更好地销售自己的商品，农资经销商在销售农资的同时，也在销售服务，提供技术指导。农资经销商还是联系农资生产厂家和农民的纽带，一方面，他们为生产厂家推广生物农药、生物肥料、缓控释肥料等新产品；另一方面，他们帮助农民向厂家反馈农资质量问题，农民需求问题。农资经销商指导农户如何正确使用农资，运用栽培、土壤、植保等相关知识指导农民如何科学种田，甚至还提供田间地头的服务。若是他们自身不具备识别劣质农资的能力，加之这些“技术员”的技术水平有限，难免会出现错误的指导。因此，农技推广工作要将农资经销商纳入到工作对象体系当中，提高他们的农业知识水平，通过农资经销商的指导，帮助农户特别是小规模农户识别病虫害性质、作物营养状况等。当然与此同时，还要规范农资经销店的经营，降低他们为了牟取暴利而销售劣质农资的可能。

三、推进轻简型增产技术的供给，实现“藏粮于技”

在我国农村劳动力老龄化、女性化和兼业化特征难以改变以及市场经济的背景下，强行要求农户采用繁杂的生产技术提高玉米产量很不现实。事实上，当前我国农村农业生产技术采用的需求趋势是轻简化。然而，我国农业技术推广过程中还存在着很多自上而下的技术推广，不考虑农户的需求特征，重视作物产量，轻视作物轻简栽培。

就本书述及和调研中涉及到的轻简技术而言，我国亟待提高机械化玉米播种质量和机械化收获质量，具体说，要改善玉米机械设备，提高播种的精准化水平，降低缺苗、漏苗的现象；提高玉米机械采收设备的性能，降低玉米机械采收的损失率和故障率。努力提高具有分层施肥功能的种肥同播机的性能，一次性完成玉米整个生育期内的施肥作业，降低分次施肥的劳动力消耗和农民撒施肥料造成的肥力浪费，实现玉米的高产稳产。当然还有很多具体的技术需求是本书未曾提到的，但农户在意品种和技术的轻简目标而非高产目标这一原则却是在当前我国农村经济中普遍存在的，科技人员在进行技术研发之前，一定要深入农村，了解农户需求，避免提供一些高产却无人采用的技术。

四、规范种业市场，优化玉米育种的制度设计，培育轻简稳产型玉米品种

第八章的研究结果显示，我国主导品种对玉米产量的影响不显著，其中的主要原因在于我国玉米育种业大量存在着“套牌”种子，假而不劣，佟屏亚（2016）指出，我国玉米品种中“还有一大批在产量、质量、适应性都可与被仿品种媲美的‘新品种’通过审定”，2015 年国家审定和玉米主产区审定品种就达 500 多个。事实上，我国玉米育种门槛低，近年来出现了大范围的仿制育种以及大量的微小育种企业。2013 年底全国种子企业约 5949 家，其中持部级颁证企业占 3.06%，持省级颁证企业占 36.46%，其余 60.48% 的种子企业为持市县级企业（佟屏亚，2016）。但多数企业育种能力十分薄弱，针对这些现象，我国亟待规范种业市场，提高企业准入门槛，严厉打击非法制种和“淘地沟”行为。

与美国玉米品种相比，我国玉米品种存在许多严重的缺陷，主要表现为对环境敏感、抗逆性差、产量不稳定（赵久然等，2009）。优良品种的培育是未来我国玉米实现增产潜力的必要途径。与美国相比，我国玉米育种水平相对落后，低水平重复状况严重，同质性严重。玉米产业体系首席专家张世煌指出，我国目前玉米育种止步于郑单 958，并指出“阻碍中国玉米育种技术进步，甚至造成倒退的一个重要原因是品种区域试验和审定制度出了大问题”。因此，我国首先要改革品种审定制度，然后才是育种的技术路线改革和种质基础的改良（张世煌，2012）。品种审定制度中僵硬的区试设计要求限制了玉米新品种通过审定，一些优良的国产高密度品种需要更高密度下才能实现高产，但因为与品种审定制度要求的不一致，而被拒之门外，相反，更多德国和美国公司的品种通过了品种审定。

在玉米品种培育方面，良种培育中要注重结合农户对玉米品种的需求，将产量目标与轻简目标进行统一，培育出产量更高更受农民欢迎的“懒玉米”，实现农户轻简栽培的愿望。

第三节　研究中存在的不足

囿于自身能力及所获取的数据性质，本书在研究中还存在一些不足，具体表现在以下两个方面：

第一，本书虽然就品种和技术采用对玉米单产进行了实证分析，但这两个变量都是以分类变量被引入到模型中，因此，相关结论虽涉及品种和技术对单产的影响方向以及相对未采用农户的影响程度，但未能给出品种和技术采用对玉米单产的贡献率数值。

第二，受限于主导品种界定的时滞性，种子市场的套包现象，以及部分主导品种不能获得良种补贴，统计结果非常不利于主导品种，若能获取更多的信息，结果会有不同。

附　　录

附表1　2004～2015年农业部推介的玉米主导品种

年份	玉米主导品种
2004	农大108、沈单16、四单19号、郑单958、雅玉12、高油115、龙单13、浚单20、鲁单981、通单24、吉单342、济单7号、成单22、辽613、濮单6号
2005	农大108、郑单958、丹玉39号、鲁单981、浚单20、东单60号、吉单27、登海11号、龙单26号、吉单209、农大科茂518、鄂玉10号
2006	郑单958、农大108、东单60、丹玉39、鲁单981、吉单27、登海11、农大95、龙单16
2007	—
2008	郑单958、浚单20、东单60、丹玉39号、农大108、登海11号、沈单16号、鲁单9002、龙单16、吉单27、中单808、京单28
2009	郑单958、浚单20、丹玉39号、农大108、登海11号、沈单16号、鲁单981、兴垦3号、吉单27、中单808、京单28、丰禾10号、鑫玉16号、三北6号、中科11号
2011	郑单958、浚单20、鲁单98、金海5号、京单28、中科11号、蠡玉16、沈单16、苏玉20、纪元1号。西南地区：川单418、东单80、氢玉16、正大619、贵单8号、登海11号、成单30、中单808。北方地区：郑单958、吉单27、辽单565、龙单38、绥玉10、兴垦3、哲单37、农华101

续表

年份	玉米主导品种
2012	黄淮海地区：郑单958、浚单20、鲁单981、金海5号、京单28、中科11号、蠡玉16、沈单16、苏玉20、中单909。西南地区：川单418、东单80、雅玉889、正大619、贵单8号、登海11号、成单30。北方地区：吉单27、辽单565 、龙单38、绥玉10、兴垦3、四单19、哲单37、农华101、京科968。方玉米区：京科糯2000、新美夏珍
2013	黄淮海地区：郑单958、浚单20、鲁单981、金海5号、京单28、中科11号、蠡玉16、苏玉20、中单909、登海605、伟科702和农华10112个品种。西南地区：川单418、东单80、雅玉889、正大619、贵单8号、登海11号、成单30、中单808。北方地区：吉单27、辽单565、龙单38、绥玉10、兴垦3、哲单37、农华101和京科968。南方玉米区主推品种为京科糯2000和新美夏珍
2014	黄淮海地区：郑单958、浚单20、鲁单981、金海5号、中科11号、蠡玉16、中单909、登海605、伟科702、京单58、苏玉29。西南地区：川单189、东单80、雅玉889、成单30、中单808、桂单0810、荃玉9号、云瑞88、苏玉30。北方地区：吉单27、辽单565、兴垦3号、农华101、京科968、龙单59、利民33 、德美亚1号京科糯2000、KWS2564、良玉88
2015	黄淮海地区：郑单958、浚单20、隆平206、金海5号 、中科11、蠡玉16、中单909、登海605、伟科702、京农科728、苏玉29。南方地区：川单189、东单80、雅玉889、成单30、中单808、桂单0810、荃玉9号、云瑞88、苏玉30。北方地区：吉单27、德育919、兴垦3号、农华101、京科968、绿单2号、利民33 、德美亚1号、苏科花糯、KWS2564

附表2 部分国家（地区）玉米单产、总产及全球排名

国家	总产（吨）					单产（公斤/亩）				
	2011	2012	2013	平均总产	排名	2011	2012	2013	平均单产	排名
美国	313948610	273820066	353699441	313822706	1	616	516	665	599	19
中国	192904232	205718649	217830000	205484294	2	383	391	412	395	41
中国大陆	192781000	205614000	217730000	205375000	3	383	391	412	395	42
巴西	55660235	71072810	80538495	69090513	4	281	334	351	322	59
阿根廷	23799830	21196637	32119211	25705226	5	423	382	440	415	37
乌克兰	22837900	20961300	30949550	24916250	6	430	320	427	392	44
印度	21760000	22260000	23290000	22436667	7	165	170	163	166	97
墨西哥	17635417	22069254	22663953	20789541	8	194	212	213	206	83
印度尼西亚	17629033	19387022	18511853	18509303	9	304	327	323	318	60
法国	15913300	15614100	15053000	15526800	10	665	606	543	604	18
加拿大	10688700	13060100	14193800	12647533	11	593	614	639	615	17
南非	10360000	11830000	12365000	11518333	12	291	251	254	265	70
俄罗斯	6962440	8212924	11634943	8936769	15	290	283	334	302	61
泰国	4972952	4947530	5062828	4994437	22	289	288	295	290	64
越南	4835717	4803196	5190895	4943269	23	288	286	296	290	65
坦桑尼亚	4340823	5104248	5356350	4933807	24	88	83	87	86	141
德国	5184000	4991000	4387300	4854100	26	708	652	589	650	15
巴基斯坦	4270900	4631000	4800000	4567300	27	263	285	267	271	69

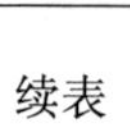

续表

国家	总产（吨）					单产（公斤/亩）				
	2011	2012	2013	平均总产	排名	2011	2012	2013	平均单产	排名
朝鲜	1857000	2000000	1960000	1939000	40	246	256	251	251	71
澳大利亚	356943	450535	506725	438068	80	383	431	430	414	38
中国台湾	123232	104649	100000	109294	103	452	419	404	425	34
以色列	96375	85358	110073	97269	105	2254	1704	1504	1821	1
韩国	73612	83210	80465	79096	110	310	326	337	325	58
马来西亚	59842	52481	87781	66701	114	409	369	598	459	32
日本	165	170	180	172	159	172	174	182	176	93

参考文献

[1] Adesina A. A., Baidu - Forson J. Farmers' Perceptions and Adoption of new Agricultural Technology: Evidence from Analysis in Burkina Faso and Guinea, West Africa [J]. Agricultural Economics, 1995, 13 (1): 1 - 9.

[2] Alene A. D., Manyong V. M. The Effects of Education on Agricultural Productivity under Traditional and Improved Technology in Northern Nigeria: an Endogenous Switching Regression Analysis [J]. Empirical economics, 2007, 32 (1): 141 - 159.

[3] Andrews R. L., Currim I. S. A Comparison of Segment Retention Criteria for Finite Mixture Logit Models [J]. Journal of Marketing Research, 2003, 40 (2): 235 - 243.

[4] Arsenio E., Bristow A. L., Wardman, M. Stated Choice Valuations of Traffic Related Noise [J]. Transportation Research Part D: Transport and Environment, 2006, 11 (1): 15 - 31.

[5] Asrat S., Yesuf M., Carlsson F., Wale, E. Farmers' Preferences for crop Variety Traits: Lessons for on - farm Conservation and Technology Adoption [J]. Ecological Economics, 2010, 69 (12): 2394 - 2401.

[6] Atanu S., Love H. A., Schwart R. Adoption of Emerging Technologies under Output Uncertainty [J]. American Journal of Agricultural Economics, 1994, 76 (4): 836 - 846.

[7] Balassa B. Trade Liberalisation and "Revealed" Comparative Advantagel [J] . The Manchester School, 1965, 33 (2): 99 – 123.

[8] Becerril J. , Abdulai A. The Impact of Improved Maize Varieties on Poverty in Mexico: A Propensity Score – matching Approach [J] . World Development, 2010, 38 (7): 1024 – 1035.

[9] Bennett J. , Blamey R. (Eds.) . The Choice Modelling Approach to Environmental Valuation [M] . Edward Elgar Publishing. 2001.

[10] Binswanger H. P. A Microeconomic Approach to Induced Innovation [J] . The Economic Journal, 1974, 84 (336): 940 – 958.

[11] Birol E. , Smale M. , Yorobe Jr, J. M. Bi – modal Preferences for Bt maize in the Philippines: a Latent Class Model [J] . 2012, 15 (2): 175 – 190.

[12] Boxall P. C. , Adamowicz W. L. Understanding Heterogeneous Preferences in Random Utility Models: a Latent Class Approach [J] . Environmental and Resource economics, 2002, 23 (4): 421 – 446.

[13] Brookhart M. A. , Schneeweiss S. , Rothman K. J. , Glynn R. J. , Avorn J. , Stürmer T. Variable Selection for Propensity Score Models [J] . American Journal of Epidemiology, 2006, 163 (12): 1149 – 1156.

[14] Burmeister L. L. The South Korean Green Revolution: Induced or Directed Innovation? [J] . Economic Development and Cultural Change, 1987, 35 (4): 767 – 790.

[15] Carter C. A. , Zhong F. N. Will Market Prices Enhance Chinese Agriculture?: A Test of Regional Comparative Advantage [J] . Western Journal of Agricultural Economics, 1991, 16 (2): 417 – 426.

[16] Cavane E. Farmers' Attitude and Adoption of Improved Maize Varieties and Chemical Fertilizers in Mozambique [J] . Indian Res. J. Ext. Edu, 2011, 11 (1), 1 – 6.

[17] Dibba L. , Fialor S. C. , Diagne A. , Nimoh F. The Impact of Nerica A-

doption on Productivity and Poverty of The Small - scale Rice Farmers in the Gambia [J]. Food Security, 2012, 4 (2): 253 - 265.

[18] Dieleman M., Cuong P. V., Anh L. V., Martineau T. Identifying Factors for Job Motivation of Rural Health Workers in North Viet Nam [J]. Human Resources for Health, 2003, 1 (1): 1 ~ 10.

[19] Evenson R. E., Gollin D. (Eds.). Crop Variety Improvement and its Effect on Productivity: The Impact of International Agricultural Research [J]. Cabi. 2003: 22 - 25

[20] Freeman H. A., Omiti J. M. Fertilizer Use in Semi - arid Areas of Kenya: Analysis of Smallholder Farmers' Adoption Behavior under Liberalized Markets [J]. Nutrient Cycling in Agroecosystems, 2003, 66 (1): 23 - 31.

[21] Grassini P., Thorburn J., Burr C., Cassman K. G. High - yield Irrigated Maize in the Western US Corn Belt: I. On - farm yield, Yield Potential, and Impact of Agronomic Practices [J]. Field Crops Research, 2011, 120 (1): 133 - 141.

[22] Griliches Z. Hybrid corn: An Exploration in the Economics of Technological Change [J]. Econometrica, Journal of the Econometric Society, 1957: 501 - 522.

[23] Hanley N., Wright R. E., Koop G. Modelling Recreation Demand using Choice Experiments: Climbing in Scotland [J]. Environmental and Resource Economics, 2002, 22 (3): 449 - 466.

[24] Jin S., Huang J., Hu R., Rozelle S. The Creation and Spread of Technology and Total Factor Productivity in China's Agriculture [J]. American Journal of Agricultural Economics, 2002, 84 (4): 916 - 930.

[25] Kalirajan K. On Measuring Yield Potential of the High Yielding Varieties Technology at Farm Level [J]. Journal of Agricultural Economics, 1982, 33 (2): 227 - 235.

[26] Koenker R., Bassett Jr G. Regression Quantiles. Econometrica: Journal of the Econometric Society [J]. 1978 (46): 33 - 50.

[27] Kolstad J. R. How to Make Rural Jobs more Attractive to Health Workers. Findings From a Discrete Choice Experiment in Tanzania [J]. Health Economics, 2011, 20 (2), 196 - 211.

[28] Lancaster K. J. A New Approach to Consumer theory [J]. The Journal of Political Economy, 1966 (74): 132 - 157.

[29] Liu Z., Yang X., Hubbard K. G., Lin X. Maize Potential Yields and Yield Gaps in the Changing Climate of Northeast China [J]. Global Change Biology, 2012, 18 (11): 3441 - 3454.

[30] Mackenzie J. A Comparison of Contingent Preference Models [J]. American Journal of Agricultural Economics, 1993, 75 (3): 593 - 603.

[31] Marra M., Pannell D. J., Ghadim A. A. The Economics of Risk, Uncertainty and Learning in the Adoption of New Agricultural Technologies: Where are we on the Learning Curve? [J]. Agricultural Systems, 2003, 75 (2): 215 - 234.

[32] Martey E., Wiredu A. N., Etwire P. M. Impact of Credit on Technical Efficiency of Maize Producing Households in Northern Ghana [J]. Conference: Centre for the Study of African Economies (CSAE) Conference 2015, At University of Oxford, United Kingdom 2015.

[33] McNamara K. T., Wetzstein M. E., Douce G. K. Factors Affecting Peanut Producer Adoption of Integrated Pest Management [J]. Review of agricultural economics, 1991, 13 (1): 129 - 139.

[34] Mendola M. Agricultural Technology Adoption and Poverty Reduction: A Propensity - score Matching Analysis for Rural Bangladesh [J]. Food Policy, 2007, 32 (3): 372 - 393.

[35] Neumann K., Verburg P. H., Stehfest E., Müller C. The Yield Gap of Global Grain Production: A Spatial Analysis [J]. Agricultural Systems, 2010, 103 (5): 316 - 326.

[36] Ortega D. L., Wang H. H., Widmar N. J. O., Wu L. Chinese Producer

Behavior: Aquaculture Farmers in Southern China [J]. China Economic Review, 2014, 28 (1): 17 -24.

[37] Roessler R., Drucker A. G., Scarpa R., Markemann A., Lemke U., Thuy L. T., Zárate A. V. (2008). Using Choice Experiments to Assess Smallholder Farmers' Preferences for Pig Breeding traits in Different Production Systems in North - West Vietnam [J]. Ecological Economics, 2008, 66 (1): 184 -192.

[38] Rosenbaum P. R., Rubin D. B. The Central Role of the Propensity Score in Observational Studies for Causal Effects [J]. Biometrika, 1983, 70 (1): 41 -55.

[39] Ryan M., Kolstad J., Rockers P., Dolea C. How to Conduct a Discrete Choice Experiment for Health Workforce Recruitment and Retention in Remote and Rural Areas: A User Guide with Case Studies [J]. World Health Organization Capacity-Plus: World Bank. 2012: 23 -43.

[40] Scarpa R., Ruto E. S., Kristjanson P., Radeny M., Drucker A. G., Rege J. E. (2003). Valuing Indigenous Cattle Breeds in Kenya: An Empirical Comparison of Stated and Revealed Preference Value Estimates [J]. Ecological Economics, 2003, 45 (3), 409 -426.

[41] Schmookler J. (1962). Changes in Industry and in the State of Knowledge as Determinants of Industrial Invention. In The Rate and Direction of Inventive Activity: Economic and Social Factors [J]. Princeton University Press. 1962: 195 -232.

[42] Schreinemachers P. The (Ir) Relevance of the Crop Yield Gap Concept to Food Security in Developing Countries. With an Application of Multi Agent Modeling to Farming Systems in Uganda [J], University of Bonn (forthcoming), 2005: 3 -7.

[43] Tiwari T. P., Ortiz - Ferrara G., Dhakal R., Katuwal R. B., Hamal B. B., Gadal N., Virk D. S. Rapid Gains in Food Security From new Maize Varieties for Complex Hillside Environments Through Farmer Participation [J]. Food Security, 2010, 2 (4): 317 -325.

[44] Ward P. S., Ortega D. L., Spielman D. J., Singh V. Farmer Preferences

for Drought Tolerance in Hybrid Versus Inbred Rice: Evidence from Bihar, India [J]. Social Science Electronic Publishing, 2013 (11): 1-26.

[45] Wu H., Ding S., Pandey S., Tao D. Assessing the Impact of Agricultural Technology Adoption on Farmers' Well—being Using Propensity Score Matching Analysis in Rural China [J]. Asian Economic Journal, 2010, 24 (2): 141-160.

[46] Zingiro A., Okello J. J., Guthiga P. M. Assessment of Adoption and Impact of Rainwater Harvesting Technologies on Rural Farm Household Income: the Case of Rainwater Harvesting Ponds in Rwanda. Environment [J]. Development and Sustainability, 2014, 16 (6): 1281-1298.

[47] 安伟，樊智翔，郭玉宏，米小红，徐澜．玉米品种的增产潜力与改良方向 [J]．山西农业大学学报（自然科学版），2003 (12): 386-388.

[48] 安晓宁，姜洁．三大粮食作物生产的区域比较优势分析（之二）——以玉米为例的实证研究 [J]．调研世界，1998 (7): 14-17.

[49] 毕红杰，王增辉．吉林省粮食增产潜力影响因素的模型分析 [J]．中国农学通报，2010，26 (16): 398-402.

[50] 蔡书凯．农户 IPM 技术采纳行为及其效果分析 [D]．浙江大学博士学位论文，2011.

[51] 曹国鑫．小农户粮食作物高产高效技术应用限制因素及对策研究 [D]．中国农业大学博士学位论文，2015.

[52] 曹建民，胡瑞法，黄季焜．技术推广与农民对新技术的修正采用：农民参与技术培训和采用新技术的意愿及其影响因素分析 [J]．中国软科学，2005 (6): 60-66.

[53] 陈强．高级计量经济学及 Stata 应用（第 2 版）[M]．北京：高等教育出版社，2014: 541-554.

[54] 陈星．“一增四改”玉米单产可提高一至三百公斤 [N]．新疆科技报（汉）. 2007-04-27.

[55] 陈玉萍，吴海涛，陶大云，Sushil Pandey，徐鹏，胡凤益，丁士军，王

怀豫，冯璐．基于倾向得分匹配法分析农业技术采用对农户收入的影响——以滇西南农户改良陆稻技术采用为例［J］．中国农业科学，2010，43（17）：3667－3676.

［56］陈玉珠，周宏．三大玉米主产区农户种植优势的比较分析——基于种植净收益因素贡献率视角［J］．湖南农业大学学报（社会科学版），2015，16（6）：25－30.

［57］陈竹，鞠登平，张安录．农地保护的外部效益测算——选择实验法在武汉市的应用［J］．生态学报，2013，33（10）：3213－3220.

［58］程建平，王涛，陶振水．玉米高产潜力及高产高效标准化生产技术研究与示范［J］．农民致富之友，2014（16）：156.

［59］仇焕广，张世煌，杨军，井月．中国玉米产业的发展趋势、面临的挑战与政策建议［J］．中国农业科技导报，2013，15（1）：20－24.

［60］邓祥宏．中国农业技术补贴政策的理论与实证分析——以环境友好型农业技术补贴为例［D］．中国农业大学博士学位论文，2011.

［61］邸娜．开放条件下中国玉米种子产业安全状况评估［J］．世界农业，2016（1）：173－178.

［62］丁健，武小平，郭建芳，王秀明．浅析杂交玉米推广与种业发展［J］．南方农业，2015，9（36）：248－249.

［63］董艳娟．赤眼蜂防治玉米螟生物技术［J］．中国园艺文摘，2013（7）：187－188.

［64］弗兰·艾利思著．农民经济学——农民家庭农业和农业发展［M］．胡景北译，上海：上海人民出版社，2006：80－88.

［65］高洪军，彭畅等．气候、品种和密度对东北春玉米增产潜力的影响［J］．吉林农业科学，2011，36（4）：4－8.

［66］高明，田子玉，蔡红梅，高峰，郭树方．我国与美国玉米生产的差距浅析［J］．玉米科学，2008，16（3）：147－149.

［67］高云，陈伟忠，詹慧龙，何龙娟．中国粮食增产潜力影响因素分析［J］．中国农学通报，2013，29（35）：132－138.

［68］高智．不同农业生产水平区域农户粮食生产潜力差异实证研究——以华北不同农业生产水平区域农户为例［D］．中国农业大学硕士学位论文，1997.

［69］古扎拉蒂，波特著．计量学经济基础［M］．费剑平译，北京：中国人民大学出版社，2011：297－312.

［70］郭君平，吴国宝．“母亲水窖”项目对农户非农就业的影响评价——基于倾向值匹配法（PSM）估计［J］．农业技术经济，2014（4）：89－97.

［71］韩成伟，朱玉芹，李巍，李时群．吉林省玉米品种演变与玉米生产发展相关分析［J］．农业与技术，2006，26（3）：74－77.

［72］韩长赋．玉米论略［N］．人民日报，2012－05－26.

［73］胡双虎，夏雨清．玉米种界问题与思考［J］．农技推广，2014（2）：42.

［74］胡艳君，乔娟．比较优势与山西省种植业结构调整［J］．中国农业资源与区划，2004，25（3）：20－25.

［75］黄季焜，斯·罗泽尔．迈向21世纪的中国粮食经济［M］．北京：中国农业出版社，1998：2－4.

［76］黄宗智．华北的小农经济与社会变迁［M］．北京：中华书局出版社，1986：199.

［77］尖端技术：玉米种业的加速度［N］．农民日报，2014－11－24.

［78］焦源．需求导向型农技推广机制研究——基于农户分化视角［D］．中国海洋大学博士学位论文，2014.

［79］李毳，李秉龙．我国粮食主产区主要粮食作物生产比较优势分析［J］．新疆农垦经济，2003（5）：4－5.

［80］李菲．安徽省粮食生产及其增产潜力研究［D］．安徽农业大学硕士学位论文，2011.

［81］李家洋．我国粮食增产如何从潜力变为现实［J］．求是，2013（4）：24－25.

［82］李建平．陕西省农业生产潜力与粮食安全实证研究［D］．西北农林

科技大学博士学位论文，2012.

［83］李亮科．生产要素利用对粮食增产和环境影响研究［D］．中国农业大学博士学位论文，2015.

［84］李少昆，王崇桃．玉米高产潜力·途径［M］．北京：科学出版社，2010：5－9.

［85］李少昆，王崇桃．玉米生产技术创新·扩散［M］．北京：科学出版社，2010：265－273.

［86］李少昆，王崇桃．中国玉米生产技术的演变与发展［J］．中国农业科学，2009，42（6）：1941－1951.

［87］李想．粮食主产区农户技术采用及其效应研究——以安徽省水稻可持续生产技术为例［D］．中国农业大学博士学位论文，2014.

［88］李长健，汪燕．我国种子市场良种补贴政策实施过程中问题分析［J］．中国种业，2012（5）：28－30.

［89］联合国粮食及农业组织数据库：http：//www.fao.org/statistics/zh/.

［90］梁建辉．玉米膜下滴灌节水高产栽培技术［J］．中国农业信息，2015（6）：114－115.

［91］梁仲科．保障粮食安全的主力军——兼论玉米在甘肃粮食生产中的战略地位［J］．甘肃农业，2014（8）：42－46.

［92］粮食生产大县（市）社会经济基本情况［Z］．中国县（市）社会经济统计年鉴，2011：509－513.

［93］林毅夫．我国主要粮食作物单产潜力与增产前景［J］．中国农业资源与区划，1995（3）：4－7.

［94］林毅夫．制度、技术与中国农业发展［M］．上海：格致出版社、上海三联书店、上海人民出版社，2011：192－205.

［95］刘淑芳．浅析吉林省利用赤眼蜂防治玉米螟应用与成果［J］．安徽农学通报，2010（11）：86

［96］刘文莉，张明军，王圣杰，汪宝龙，马雪宁，车彦军．近50年来华北平

原极端干旱事件的时空变化特征［J］．水土保持通报，2013，33（4）：90－95.

［97］刘学文，钟秋波．四川省粮食生产现状和增产潜力分析［J］．农村经济，2010（12）：63－66.

［98］柳伟祥，薛国屏，文卿林，胡伟，郭永宁．宁夏主栽玉米品种产量性状及增产潜力分析［J］．宁夏农林科技，2005（4）：17－19.

［99］罗峦，刘宏，魏艳淑．种稻农户品种更新行为及影响因素分析——基于湖南省的调查［J］．中国农学通报，2011，27（11）：187－192.

［100］吕春波，武翠，杨 辉，陈得义，王孝杰．优质玉米新品种丹玉 202 号、丹玉 88 高产高效示范与转化［J］．粮食作物，2013（6）：190－195.

［101］吕欢欢．基于选择实验法的国家森林公园游憩资源价值评价研究［D］．大连理工大学硕士学位论文，2013.

［102］吕开宇，仇焕广，白军飞，徐志刚．玉米主产区深松作业现状与发展对策［J］．农业现代化研究，2016，37（1）：1－8.

［103］马小勇，白永秀．生产风险、资金约束与农户的新品种采用行为——基于陕西三县调查数据的经验分析［J］．福建论坛（人文社会科学版），2013（3）：14－20.

［104］毛军需，徐晓锋，石兆勇，苗艳芳．豫西地区不同类型农田化肥增产效益及增产潜力研究［J］．中国农业科学，2007，40（7）：1439－1446.

［105］农业部．发布“镰刀弯”地区玉米结构调整的指导意见［J］．农业机械，2015（12）：138.

［106］农业部．种子工程建设规划（2006～2010 年）［EB/OL］．山东省农业厅网站．2008. http：//www. sdny. gov.

［107］农业部种植业管理司，全国农业技术推广服务中心，农业部玉米专家指导组．玉米“一增四改”生产技术手册［N］．农民日报，2007－08－21.

［108］潘丹．农业技术培训对农村居民收入的影响：基于倾向得分匹配法的研究［J］．南京农业大学学报（社会科学版）．2014（5）：62－69.

［109］彭胜民．区域水土资源系统分析及粮食增产潜力研究——以齐齐哈尔

为例［D］．黑龙江八一农垦大学博士学位论文，2010.

［110］钱文荣，王大哲．如何稳定我国玉米供给——基于省际动态面板数据的实证分析［J］．农业技术经济，2015（1）：22－32.

［111］邱皓政．潜在类别模型的原理与技术［M］．北京：教育科学出版社，2008：30－41.

［112］沈菱菱．长春地区赤眼蜂防治玉米螟技术［J］．吉林农业，2012，273（11）：76.

［113］舒尔茨著．改造传统农业［M］．梁小民译，北京：商务印书馆，1987：42－52.

［114］宋军，胡瑞法，黄季焜．农民的农业技术选择行为分析［M］．农业技术经济，1998（12）：36－39.

［115］苏俊，闫淑琴．黑龙江省玉米生产技术发展回顾与展望［J］．黑龙江农业科学，2011（11）：122－126.

［116］速水佑次郎，弗农·拉坦著．农业发展的国际分析［M］．郭熙保等译，北京：中国社会科学出版社，2000：89－106.

［117］孙继峰，李春光，宋晓慧，符楠．高油玉米的发展与展望［J］．现代化农业，2008，348（7）：8－11.

［118］陶承光．中国玉米种业［M］．沈阳：辽宁大学出版社，2013：7－8，349－350.

［119］田桂祥．夏玉米一增四改栽培技术［J］．农业与技术，2014，34（7）：116.

［120］佟屏亚．郑单958PK先玉335引发的深层思考［J］．中国种业，2010（6）：36－37.

［121］佟屏亚．种业供给侧改革的机遇与挑战［J］．种子科技，2016（2）：27－28.

［122］王崇桃，李少昆．玉米高产产量形成特征及其验证［J］．科技导报，2013，31（25）：61－67.

［123］王殿明，赵迪，刘淑梅．玉米螟绿色防控——释放赤眼蜂防治玉米螟技术推广应用［J］．农业开发与装备，2015（3）：101.

［124］王恒炜．甘肃推广全膜双垄沟播技术的做法及启示．中国水土保持［J］.2010（4）：20－21.

［125］王宏广．中国农业生产潜力及发展道路研究［D］．北京农业大学博士学位论文，1990.

［126］王进慧．小麦增产潜力及影响因素研究——以山东省为例［J］．南京：南京农业大学硕士学位论文，2011.

［127］王立春．吉林玉米高产理论与实践［M］．北京：科学出版社，2014：297－320.

［128］王婷婷，戚焕波，刘燕．玉米免耕机械直播技术效益分析报告[J]．山东农机化，2015（10）：24.

［129］王文智，武拉平．城镇居民对猪肉的质量安全属性的支付意愿研究——基于选择实验（Choice Experiment）的分析［J］．农业技术经济，2013（11）：24－31.

［130］王文智，武拉平．选择实验理论及其在食品需求研究中的应用：文献综述［J］．技术经济，2014，33（1）：110－117

［131］王晓蜀，王燕清，武拉平．赤眼蜂防治玉米螟技术采用影响因素分析——兼论技术特性对技术采用的影响，科技与经济，2015，28（5）：46－50.

［132］王晓蜀，武拉平．夏玉米“一增四改”技术增产潜力评价——基于倾向值匹配法的分析［J］．科技与经济，2016，29（3）：85－89.

［133］王晓蜀，新疆棉花比较优势研究［D］．石河子大学硕士学位论文，2005.

［134］王新安，谷勇，孙晶．对实施玉米良种补贴的几点建议［J］．中国种业，2009（10）：10－11.

［135］王秀东，王永春．基于良种补贴政策的农户小麦新品种选择行为分析——以山东、河北、河南三省八县调查为例［J］．中国农村经济，2008（7）：

24 -31.

[136] 吴冲. 农户资源禀赋对优质小麦新品种选择影响的实证研究——以江苏省丰县为例 [J]. 南京农业大学硕士学位论文，2007.

[137] 吴凯，谢明. 黄淮海平原农业综合开发的效益和粮食增产潜力[J]. 地理研究，1996，15 (3)：70 -76.

[138] 吴永常，马忠玉，王东阳，姜洁. 我国玉米品种改良在增产中的贡献分析 [J]. 作物学报，1998 (24)：595 -600.

[139] 信乃诠，陈坚，李建萍. 中国作物新品种选育成就与展望 [J]. 中国农业科学，1995，28 (3)：1 -7.

[140] 徐雪高. 农户财富水平对种植品种多样化行为的影响分析 [J]. 农业技术经济，2011 (2)：12 -17.

[141] 许彪. 提高松毛虫赤眼蜂防治玉米螟效果的关键 [J]. 辽宁农业科学，2012 (6)：45 -47.

[142] 杨凯. 论玉米品种在东北三省的营销策略 [D]. 吉林大学硕士学位论文，2012.

[143] 姚华锋. 江苏省农户粮食作物新品种选择实证研究 [D]. 南京农业大学硕士学位论文，2006.

[144] 于爱芝，裴少峰，李崇光. 中国粮食生产的地区比较优势分析[J]. 农业技术经济，2001 (6)：4 -9.

[145] 袁惊柱，姜太碧. 我国粮食新品种的增收效应及影响因素——以小麦新品种“川麦42”为例 [J]. 农村经济，2012 (2)：52 -55.

[146] 袁涓文，颜谦. 农户接受杂交玉米新品种的影响因素探讨 [J]. 安徽农业科学，2009，37 (14)：6652 -6654.

[147] 张大鹏. 玉米机械化收获技术的制约因素及对策 [J]. 农业开发与装备，2014 (10)：101 -102.

[148] 张芳. 沧州市玉米机械收获水平研究 [J]. 湖南农机，2014 (9)：11 -12.

［149］张金才，李红敏．吉林省玉米“大双覆”技术推广及增产潜力分析［J］．吉林农业，2011（8）：117.

［150］张利庠，纪海燕．试析我国农业技术推广中的财政投入［J］．农业经济问题，2007（2）：55－62.

［151］张森，徐志刚，仇焕广．市场信息不对称下的农户种子新品种选择行为研究［J］．世界经济文汇，2012（8）：74－89.

［152］张世煌，胡瑞法．加入WTO以后的玉米种业技术进步和制度创新［J］．杂粮作物，2004（1）：19－22.

［153］张世煌，李少昆．国内外玉米产业技术发展报告［M］．北京：中国农业科学技术出版社，2009：78－80

［154］张世煌．中美育种经验比较［J］．种子科技，2014（11）：7－10.

［155］张世煌．黄淮海玉米新品种试验所暴露的问题与改革方向［J］．种子科技，2013（2）：42－46.

［156］张树权，张世煌，陈新平，谢瑞芝，董志强，张文英，王荣焕．美国玉米科研生产实践对黑龙江玉米发展的启示［J］．黑龙江农业科学，2012（2）：131－134.

［157］张小瑜．粮食安全视角下的中国粮食贸易展望［J］．农业展望，2016（1）：64－70.

［158］张玉杰．赤眼蜂防治玉米螟技术［J］．现代农业，2014（1）．

［159］赵建波，杨晓红，张永艳，卞德锡，尤淑芬．AM真菌对油菜的侵染及增产潜力研究［J］．西南大学学报（自然科学版），2011，33（4）：88～92.

［160］赵久然，王荣焕．美国玉米持续增产的因素及其对我国的启示［J］．玉米科学，2009，17（5）：156－159.

［161］赵久然，赵明，董树亭，薛吉全．中国玉米栽培发展三十年：1981～2010［M］．北京：中国农业科学技术出版社，2011：55－58.

［162］赵连阁，蔡书凯．农户IPM技术采纳行为影响因素分析——基于安徽省芜湖市的实证［J］．农业经济问题，2012（3）：50－57.

［163］赵云文. 对广西主要粮食作物良种增产潜力的探讨［J］. 广西农学报，2010，25（5）：46－48.

［164］甄静，郭斌，朱文清等. 退耕还林项目增收效果评估——基于六省区3329个农户的调查［J］. 财贸研究，2011（4）：22－28.

［165］郑向阳，栗建枝，吴枝根，赵太存，韩雪芳. 从2011年山西玉米区试结果谈中国的玉米区试制度［J］. 中国农学通报，2013，29（24）：125－130.

［166］郑友军. 玉米高产高效技术模式分析与验证［D］. 西北农林科技大学硕士学位论文，2012.

［167］中国农业科学院作物科学研究所，新疆71团玉米万亩亩产突破1200公斤［EB/OL］. http：//www. icscaas. com. cn/sites/ics/，2014. 11.

［168］中华人民共和国农业部. 中华人民共和国农业技术推广法［J］. 基层农技推广，2013，1（6）：12－15.

［169］中华人民共和国农业部种植业管理司网站，http：//202. 127. 42. 157/moazzys/nongqing. aspx.

［170］中华人民共和国统计局，中国统计年鉴2014［M］. 北京：中国统计出版社，2015.

［171］周未，刘涵，王景旭，杨凡. 农户超级稻品种采纳行为及影响因素的实证研究——基于湖北省农户种植超级稻的调查［J］. 华中农业大学学报（社会科学版），2010（4）：32－36.

［172］周永娟. 粮食生产潜力预测方法研究［D］. 中国科学院博士学位论文，2008.

［173］朱晶，李天祥，林大燕，钟甫宁. "九连增"后的思考：粮食内部结构调整的贡献及未来潜力分析［J］. 农业经济问题，2013（11）：36－43.

［174］庄道元. 基于农户视角的粮食作物主导品种推广绩效研究——以安徽小麦为例［D］. 南京农业大学博士学位论文，2011.

后　记

本书基于博士学位论文修改而成，虽不是“十年磨一剑”，但真正是“四年磨一剑”，从2012年博士入学起开始关注粮食经济问题，2013年选题，2014年调研，然后撰写，终于在2016年完稿。回首过去的四年，感慨万千，一段着实不易的岁月，一段奋斗的中年时光。在本书完成之际，向帮助过我的老师和同学们道一声感谢。

首先感谢我的导师武拉平教授。非常幸运成为武老师的学生，然后才知道从不批评学生的老师也可以是严师，才领略到平易近人而又学问高深的大师风采。在我们的求学中，武老师为自己考虑得少，为学生考虑得多；过问我们的生活，问我们的学习；不计个人得失地帮助我们求学。对武老师的感激之情，非语言所能表达。只能说博士求学不只在求“学问”，更在求“做人”和“为师”。在学习上，武老师为我们留意相关的文献，要求我们阅读；刻意训练我们统筹安排课题结构；教导我们注重细节，严谨治学；对我们的疑问耐心解答；包容我们的错误。武老师渊博的知识、敏锐的洞察力特别令人钦佩。记得有一次武老师让我看一篇博士学位论文，看完后只知道写得很好，完全看不出论文的内在缺陷，但看完武老师的评语之后，才知道“花非花，雾非雾”。我的博士学位论文，从选题、开题报告、论文结构安排到模型建立都是在武老师的指导下完成的，有时好长一段时间都陷入迷惘，无法进行下去，但武老师轻描淡写稍做指导，立刻茅塞顿开。

特别感谢马骥教授、张卫峰教授在调研及使用数据方面所给予的机会和帮助。本书所用的微观数据来自多个省区，调研工作量之庞大，非一人之力所能完成，幸运的是本书研究对象恰好与马骥教授和张卫峰教授的调研对象有交叉，有幸参加了马骥教授和张卫峰教授的调研团队，并得到两位教授数据使用的许可。在此，感谢两位教授不图回报的给予和帮助，也感谢全国测土配方施肥项目对本书研究的资助。

特别感谢司伟教授提供的数据支持以及对我学习和生活的关心；感谢田维明教授在百忙之中解答论文写作过程中的疑问；感谢方向明教授、陈永福教授、乔娟教授在开题中提出的中肯建议；感谢田维明教授、郑志浩教授、韩青教授、陈永福教授、肖海峰教授、王济民教授、聂凤英教授以及其他校外专家在预答辩、论文外审及正式答辩中就论文撰写提出的修改意见，对这些建设思考的过程是让思路进一步清晰的过程，修改的过程更是让论文进一步严谨的过程。

感谢经管学院田维明教授、辛贤教授、何秀荣教授和李秉龙教授，人文与发展学院高启杰教授等悉心授课。所谓“润物细无声”，正是这些前期课程的开设，教授们学术思想和理念的灌输，才使我们慢慢成长，在不知不觉中提高。

感谢同门王文智、郭俊芳、沙敏、王燕青同学在论文的问卷设计、预调研及实证分析中的支持和帮助；感谢朱一鸣同学帮我组织了河南省追加问卷的调研；感谢2012级农经班同学张怡、李亮科、李莎莎在调研方面的指导和帮助；感谢资环学院郭明亮、曹国鑫和易俊杰等同学在调研方法、数据自查、调研汇报、STATA操作方面的指导和帮助。感谢同门顾蕊、张瑞娟、余水琴、徐上、黄东、李轩复、康俊鹏和曹芳芳等同学在生活和学习上的关心与帮助。

感谢家人，特别是丈夫陈昌兵先生的理解和支持，在我最艰难的时候，在我退缩的时候，鞭策我、鼓励我。

没有以上老师、同学及家人的帮助和支持，依靠我个人的力量，一定无法完成本书，衷心向他们表示感谢！

王晓蜀

2016年5月30日